お菓子《スイーツ》を彩る偉人列伝

ビジネス教育出版社

吉田菊次郎

Kikujiro Yoshida

お菓子《スイーツ》を彩る偉人列伝 ●目次●

目　次

目次

目　次

第二章

お菓子《スイーツ》を彩るサポーター列伝

目　次

目　次

目　次

プロローグ

「吉田さん、何でお菓子屋なんかになったの?」

とよく聞かれる。〝なんかに……〟とはご無体なとも思うが、私の場合は両親ともがお菓子屋の家系であり、また、家業という意識が今より強く働いていた時代背景もあってか、さして深く考えることもなく、当たり前のようにこの世界に入っていった。ただ、周りからは冒頭のご質問のごとく、度毎にいぶかしがられもした。確かに昔から好んでお菓子屋になりたいなどという人は、皆無ではなかったにせよ、さほど多くはいなかった。

ところが今はどうだろう。小さなお子さんに、

「君は何になりたいの?」

と聞くと、

「僕はパティシエになりたい」「私はパティシエールになりたい」

との答えが返ってくる。すでにしてフランス語の男性名詞と女性名詞をちゃんと使い分けているのだ。かほどに今はスイーツブームである。この職業に身を置く者としてはまこ

とにうれしい限りである。

しかしながら、急にこの状況が生まれたわけではない。ここにくるまでには相応の長い道のりがあり、その時々にさまざまな方がこの甘き世界に関わりを持ち、学び育み、常に高みを目指し続けてきてくれたからこそ、豊かな今があるのだ。ともすれば意識の外に置かれてしまいがちになるそんな当たり前のことが、人々の記憶の彼方に消え去らないうちに、たとえ分かることだけでも書き留めておかねば……。そんな想いから『お菓子《スイーツ》を彩る偉人列伝』なる本書を編むことを思い立ち、拙筆を執り始めた。

さりながら書き進むうちにふと筆が止まった。

待てよ、甘味世界は直接的にその分野に手を染めた人たちだけで成り立っているわけではない。原材料や機器類がなければ、いかなるものも作ること能わず、ショーケースやパッケージ類なくしては売ることもまた不可能。たかが一片のお菓子といえど、人様の口に届くまでには、何と多くの手を借りていることか。ならばこうした方々にもご登場願ってこそ、真の甘き文化の足跡ではあるまいか。そうした諸々の思いから、本書の構成を二章立てとさせていただいた。すなわち直接的にお菓子作りに関わられた方々を列挙して第一章とし、申したごとく菓業を盛り立てサポートするために力をお貸しくださった方々を列記し、「菓業《スイーツ》サポーター列伝」と題して第二章とさせていただいた。

人選の是非および記述事項の漏れ多き点などのご批判は甘受のうえで、ひたすら謝意を表さねばならないが、本書によりいささかなりと先人の足跡をたどり、その労苦に想いをはせていただけたとしたら、それこそが著者の意とするところである。

第一章

お菓子《スイーツ》を彩る偉人列伝

かつて仏教の僧侶によって、大陸から唐菓子が伝えられ、後年キリスト教の宣教師らによって南蛮菓子が伝えられた。以来延々それらは和蘭菓子、西洋菓子《せいやうぐあし》、洋菓子と呼び名を変えながらも、さまざまな人の手を経て甘き世界が伝えられ、今日に至っている。ここではその折々に活躍された人々を、ほぼ年代に沿ってご紹介する。

カステラの始祖、福砂屋と松翁軒

殿村武八《とのむらぶはち》の祖と山口貞助《やまぐちさだすけ》

南蛮菓子の雄・長崎カステーラを手がけた日本の始祖。

●カステラのおこり

そもそもカステラとは？　そして、それがどのようにして日本に？

慶長一一（一六〇六）年に書かれたという『南浦文集』上巻・鉄炮記によると、天文一二年八月二五日（洋暦一五四三年九月二三日）、種子島沖に百余名を乗せた巨船を発見。外国人幹部の牟良叔舎《フランシスコ・セイモト》と喜利志多《キリシタン》・蛇《ダ》・孟太《モッタ》が、領主である種子島時堯《ときたか》に火術を伝えた、とある。同様にしてポルトガルの資料を付け合わせるに、推量で一五四四年と、日本側と一年のずれがあるものの、彼らがタヌシマ（種子島）

に上陸してナウタキン（領主・時堯の前名・直時）を知ったこと、鉄砲を譲渡した旨の記録が認められる。

ところで、リスボンのテージョ河岸に刻まれた日本発見の図柄では、一五四一年とされている。ということは日本上陸は一五四三年であったが、その存在を知ったのはもう少し前だったということなのか。いずれにしてもこのあたりをもって、日欧は別々の世界にいたお互いの存在を知るわけである。話を戻そう。その鉄砲とともに、彼らは当然のことながら自分たちの食していたパンやビスケットなども日本に伝えたと思われる。ビスケットとは申せ、せいぜい乾パン程度のものであろうが、それにしても自分たちの大切にしているもの、あるいは実際に口にしている食べもののやりとりは、人と人が、特に異民族同士がコミュニケーションを図る最初の手段としては、ごく自然な行為と思われる。思うに他の文物と同様、我が国の西洋菓子の発端もこのあたりにあるようだ。記録としてはっきりと残されているわけではないゆえ、あくまでも推測の上ではあるが、鉄砲とお菓子というこの一見何の脈絡もない取り合わせこそが、日欧の交易第一号の品物であったやに思われる。

いささか独断めいたが、とまれ鉄砲は伝えられた地名をそのままに種子島と呼ばれて、ご承知のごとくその後のわが国の戦国絵図の変化に多大なる影響を及ぼし、一方、南蛮菓子と呼ばれた、パンを含む各種の〝洋〟菓子類は、途中、鎖国という特異な空白はあったにせよ、長い時間をかけて日本人の食生活を大きく変えていくことになる。

●ソフトな口当たりを求めて

さて、かようにして伝えられたいくつかの南蛮菓子の中でも、ソフトな口当たりがフィットしたのか、その後の日本の食生活の中にしっかり根付いていったのが、かくいうカステラである。

これが生まれたのは一五世紀末のスペインのカスティーリャの地で、同地の誰かがビスケットを作る材料のうちの卵をかき立ててしまったところ、泡が立っていつまでも消えない。そこへ他の材料を混ぜて焼いてみたところ、ふっくらとしたお菓子ができあがった。ビスコッチョと呼ばれるスポンジケーキの始まりである。それが隣国のポルトガルに伝わり、その手をもって、申したごとく日本に伝えられたわけだが、新技術の伝播としては我が国もけっこう早いほう、否、それどころか世界に対してかなりいいとこ勝負をしているといえる。

今日ヨーロッパ菓子の中核を自認しているフランスでさえ、それまでは堅いビスケット状のものしかなく、このようなふっくらとした進んだお菓子ができたのは、やっとこの頃（一六世紀）だと解されているくらいなのである。

その後の西欧においては、このふっくらとしたお菓子をもとに、ジャムやフルーツ、ナッツ類をはさんだり、あるいはクリームをぬるなどして、いろいろな味覚のケーキ類が次々に開発され、食卓にますます彩りを添えていく。対する我が国は、国を閉ざしたが故にカステラ以降のニュースが入ってこない。そこで携わる御菓子司はあらゆる手立てをもって、限りなくその技術を掘り下げていく。初めの頃は薄く焼いたり、タネを入れた容器を上下ひっくり返して焼色を付けたりと、かなり荒っぽく、ただ焼けりゃいい式で作っていたようだが、次第に凝っていく。日本の職人はまじめなのだ。卵の気泡はすべて均質かつきめ細やかに、口当りもきわめてソフトにして湿り感を持たせるべく水飴を混入したり、焼き上がった後、湿気が逃げないように工夫したりと、日夜研究にいそしむ。極め付きは泡切りだ。スポンジケーキと称されるように、これは気泡でできたお菓子である。ゆえにこれを窯に入れれば、中から泡が浮いてきて、自然表面もブクブクと盛り上がり、少なからずデコボコの体をなして焼き上がる。ところが職人はこれが許せない。そこで焼成途中何度か窯よりカステラを引き出し、中をかき混ぜてはその気泡をつぶしたり、上面に板を当ててはなぞり、浮かび上がってくるそれを度毎にていねいに消していく。而して単なるスポンジケーキとはおよそかけ離れた、ナイフを入れるもためらわれるほどの、まっ平らな表面を持つあのカステラができ上がったという次第なのだ。もっとも今のような完成された姿にたどり着くには幕末近く、あるいは明治にまでかかったようだが、それにしても単体の生地としてはまさに芸術品の域に達しているといっていい。お見事というほかはない。なお食べ方については、時には大根おろしやわさび醤油をつけたりの工夫もなされた由、伝えられている。

●福砂屋と山口屋など

日本の洋菓子の元祖ともいうべきものゆえ、前置き長々と述べさせて頂き、恐縮の至りだが、ここで遅まきながら、その後の繁栄につなげるべきカステラ美学の礎を築いた方をご紹介しよう。

今日さらに発展の道を歩んでいる福砂屋というカステラ専門の銘店老舗があるが、同店の案内書によると、ここの二代目店主殿村武八の祖が、寛永元（一六二四）年に、長崎でポルトガル人よりその製法を伝授されたと伝えている。〝武八の祖〟というところが何とも微妙なのだが、この曖昧模糊としたところが実にいい。何でもはっきりするよりは、この茫洋としたあたりの膨らみが、言いようのない豊かな夢を持たせてくれている。そして安永四（一七七五）年、初代から数えて六代目の大助の時より現在の地、長崎市船大工町に移り今日に及んでいる。

なお、現在の第一六代目御当主・殿村育生氏のいとこで、副社長をされている殿村洋司氏は、不肖筆者の同窓生だが、同氏に伺うに、創業当初の志を今も受け継ぎ、周辺の機械化がいかに進もうと、いまだにミキサーを使うことなく、職人の手により泡立て攪拌がなされている由。これこそが老舗の老舗たる所以であろう。

ところでもうおひと方ご紹介したい方がいる。このカステラを商いとして初めて手がけたのが、同じ長崎の本大工町に開いた山口貞助の店・山口屋で、天和元（一六八一）年であったという。文久年間に屋号を松翁軒と改めたが、同店は創業以来の日本のカステラの祖と謳われ、先の福砂屋と並び、わが国の南蛮菓子を支えて今日に至っている。

なお、山口屋や福砂屋の他では、長崎市本多町の和泉屋にその始まりがある、いやそれは長鶴屋本家である等、諸説あることも付記させていただく。いずれが真偽か確かめる術を持たないが、もしかしたらもっと別のところに真の元祖があるのかもしれない。さりながら、いずれにしてもこうした方々の努力と継承によって次第に広まっていったカステラは、その伝播の窓口となり発祥の地となった地名にちなんで、ナガサキ・カステラ（またはカステーラ）、さらには単にナガサキでそれを表わすまでに親しまれていった。ビスコッチョが生まれ故郷の地名そのままにカスティーリャと呼ばれて独り歩きをしていったように（注：日本におけるカステーラの語源については、ポルトガル人が卵を泡立てる際に、空気をたっぷり含ませるために言った言葉「バーテル・アス・クラーラス・エム・カステーロ」の最後の語が日本人の耳に残り、そう名付けられてしまったのではないかとの説も付記しておく。カステーロとは〝城〟、クラーラスは気泡性の高い卵白のことで、すなわちフワッと膨れて「城のようにうず高くなるまでかき混ぜる」という意味の語）。

パン文化普及の立て役者

江川太郎左衛門英龍《えがわたろうざえもんひでたつ》

一八〇一年〜一八五五年
我が国におけるパン普及の立て役者。
スイーツにゆかりの深い人たちを集めた本書・菓業列伝の中に、何ゆえパン文化の大立て役者が？

●飯、波牟、麦餅、麺包、…パン

一五四三年にポルトガル船が種子島に漂着して以来、鉄砲とともにいろいろなものが伝えられたが、その中にはカステラやボーロ、コンペイトウ等々、いくつものお菓子類があった。それらは南蛮菓子と呼ばれていたが、そのうちのひとつがパンだったのだ。伝えられた当初より、いわゆるお菓子の類とはちょっと違うなとは分かっていたらしいのだが、区分けするところがないため、まあ、同じようなものだろうとして、南蛮菓子の中にくくっちゃった、ということらしい。表記についても、当時はこれを飯にひっかけてハンと呼び、〝飯〟の字の他に波牟の文字を当てたり、餛飩、蒸餅、または麦餅と書いてハンと読ませていた。またものの本では、「饅頭にして餡なきものなり」と説明している由。それにつけても飯の文字をもってきて音読みにしてみたり、蒸した餅となじみのあるご飯にゆかりの餅になぞったり、はたまた饅頭を引き合いに出すなど、それを知らない庶民に分からせる努力もさることながら、そのたくまざる知恵にもまずは打たれる。なお、明治に入ってからは、バラバラであったそれらも次第に、麵麭、麵包、麪包といった書き方にまとまり出した。そして今日のようなカタカナ書きの〝パン〟表記がひんぱんになされるようになったのは、明治も末期の頃からである。

日本に布教にきた宣教師たちは、郷に入らば郷に従えのところもあったのだろうが、小麦という材料があるゆえ、ある程度は自前で作っていたと思うし、接触を持っていた日本人も自然とその作り方を教わったり、口にする機会も増えていったことであろう。また天正の少年使節や支倉六右衛門常長をはじめ、海外に雄飛した同胞たちの長きにわたる西欧式食生活を考え合わせるに、いまだ一般化していなかったとはいえ、我が国のパン食史も遡ること五百年近くに及ぶということになる。もっとも数千年昔のエジプト時代にたどりつく先方には及ぶべくもないが。

また、慶長一四（一六〇九）年、スペイン船の乗組員の仮長官ドン・ロドリコ・デ・ビベロが家康に謁見した際に、「日本人はパンを果物扱いにしているが、江戸のパンは世界最高と信ず」と述べたそうだ。果物扱いとはお菓子扱いのことではないかと思われるが、それにしてもお世辞もいいところで、いくら大御所の手前とは申せ、これはいささかほめ過ぎであろう。

他の文献を当たってみよう。確かなところでは、享保三（一七一八）年の『製菓集』に「はん仕様」としてパンの製法が記されている。筆者不明とのことだが、かなり細目にわたって研究されており、大いに進取の精神がうかがわれる。また大槻玄沢（江戸後期の仙台藩士で蘭方医、磐水と号す）の書いた『環海異聞』には〝ケレブ〟の製法として詳しく製パン法が述べられている。ケレブとはまた耳慣れぬ言葉だが、ロシア語でパンを表わすフリュープがなまったものらしい。当時の世界観としても、すでに南蛮紅毛だけがヨーロッパではない。オロシャ（ロシア）だって一方の大国であり、何より隣人であるという認識が備わっていたことが、この一書によりはっきりと確認される。さらに別書を繙くと、『亜墨新話』では、小麦の粉を鶏卵にて練り、カステーラの如く焼くものなりと伝えている、とある。これはパンとカステラの中間のようで、よく分からないが、俗にいうたまごパンなのかもしれない。一口にパンといってもいろいろな種類があるゆえに。

以上、かように一部では確かに南蛮菓子として取り上げられてはきたものの、かといって冷静な目で見ると、やはりカステラや金米（平）糖のような華やかな存在ではなかったようだ。これは申したように、一応南蛮菓子として扱ってはみたが、感覚的にはあくまでも主食の一部であって、デザートやおやつたり得る他のものとは異質のものであるということを認識していたためであろう。

●博識家、江川太郎左衛門英龍

さて、パンが俄然脚光を浴びてくるのは明治になってからだが、その前にそのきざしを予感させるひとりの男が現われる。幕末期の先覚者のひとり、伊豆韮山の代官・江川太郎左衛門英龍である。百科事典、人物事典等を参照させていただくに、彼は享和元（一八〇一）年に同地の代官屋敷に次男として生まれている。家柄、環境、育ちもよく、詩歌、書画に卓越する文化人であるとともに、剣に優れ、砲術家でもあったという、文武両道にたけた逸材であり、江川卓庵と称してもいた。天保六（一八三五）年に代官となり、駿河、伊豆、甲斐、武蔵、相模の九万石を拝し、世直し江川大明神といわれるほどの賢政を敷いて人々に慕われた。また軍事に明るく、「これよりは市民兵を組織し、海防につとむるべし」と説くが、時の幕府に受け入れられず、嘉永六（一八五三）年のペリー来航で改めてその慧眼を認められて活躍の場を得る。品川沖に台場を作り、種痘を実施し、さらに聞くところによると、〝気を付け、前にならえ、捧げ銃《つつ》〟等の号令も彼の考案とか。その功績八方に及んでいる。またここで特に注意を払いたいのが、パンの研究、製作に傾注していたことである。それまではさほどに重きを置かれていなかった西洋食のパンに着目し、その必要性を説き、どこで習い覚えたか幕臣の柏木総蔵忠俊にその製法を伝授した。今もその書面が残っており、江川英龍の博識と洞察の深さがしのばれる。事実それからは幕府はおろか薩長土肥も含め、日本中の各藩がこぞってパン食の研究にいそしみ、兵糧としてはもとより、それこそ今日につながる主食としての道を歩んでいくことになる。

なお、江川英龍が初めてその兵糧パンを焼いたのは、天保一三（一八四二）年四月一二日であったといわれ、現代にあって同日は「パンの日」と定められていることを付記させていただく。それにつけてもさすがは江川大明神と謳われるだけの人物。その守備範囲の広さには心底感心させられる。

日本で最初にアイスクリームを手がけた男

町田房造《まちだふさぞう》

一八四四年〜不詳
明治二年、横浜・馬車道で氷水屋を開業。本邦初の「あいすくりん」と称する氷菓の製造販売をはじめる。

●ペリーが浦賀にやってきた

嘉永六（一八五三）年六月三日、浦賀沖に突如として姿を現わした威容を誇る四艦の黒船。アメリカのペリー提督の来航に日本中が大いに揺れ動いた。一度は引き下がったものの翌年には再び姿を現わし、さらにロシアのプチャーチン、ゴンチャロフの来航と、幕府は避けようのない対応を迫られる。

こうした列強の強く求める開港に、安政元（一八五四）年、ついに日米和親条約が締結され、さらにはイギリス、ロシアとも条約を結び、結果、下田・函館・長崎の三港での食糧の調達を認めるところとなった。ここに二百数十年に及ぶ、世界にもまれなる鎖国体制は事実上幕を閉じた。そして安政五（一八五八）年、幕府の大老・井伊直弼は、大局を鑑みたうえで決断し、日米通商条約に調印して凶刃に倒れる。尊皇攘夷入り乱れるなか、情勢の展開は留まるところを知らず、維新に向けて舞台は一気に回転していく。

外に対する意識の、いやがうえにも高まってきたそんな折、日本からも公式に海外に赴くという天正の少年使節、慶長の遣欧使節以来の快挙が世をにぎわせた。日米通商条約本書交換のため、幕府は使節団を相手国アメリカに派遣することになったのだ。万延元（一八六〇）年二月、正使として新見備前守、副使・村垣淡路守の一行七七人がアメリカの軍艦ポーハタン号に乗り、日本の軍艦咸臨丸と前後して出帆した。咸臨丸は二五〇トン、一〇〇馬力の帆船で、こちらには軍艦奉行として木村摂津守、従者として福沢諭吉、船将に勝麟太郎、そして通訳には先年アメリカから帰国したジョン万次郎を配した九〇名が乗り込んだ。出帆以来、三七日かけた三月一七日、無事サンフランシスコに入港したが、ジョン万次郎を除いては異国が初めての者ばかりゆえ、さまざまな珍道中がくり広げられた由、巷間縷々伝えられている。たとえば会食時ひとつとってみても、履き物のまま絨毯の上を案内されてまずびっくりし、水に浮かぶ氷、音の出る酒シャンパンと、いちいち驚きの連続であった由。何しろ博学博識で鳴る福沢諭吉にしてマッチの使い方さえ知らなかったというのだから、全員のドタバタぶりが目に浮かぶ。それにつけても見るもの口にするものすべてが珍しく、吸い取り紙のごとく近代文化を吸収していったことと思われる。

●あいすくりんとの出会い

ところでこの遣米使節団正副使一行について足跡を追うと、サンフランシスコ到着後、首都ワシントンに向かうため、アメリカ政府の出迎え船に乗り移った。そのなかで、新見正興らの幕府使節は初めてアイスクリームに接する。使節団の一人であった柳川当清という人は、当時の航海日記に次のように記している。

「また珍らしきものあり。氷を色々に染め、物の形に作り、是を出す。味は至って甘く、口中に入るに忽ち解けて、誠に美味なり。之をあいすくりんといふ」

今日の日本の宴席なら、さしずめ富士山形の三色アイスクリームなどを供するところであろう。「色々に染め、物の形に作り」とあるところから見て、富士山ではないにせよ、そんなものを出したのであろうと推察される。またあまりのおいしさにいたく感じ入り、出席能わぬ仲間に持ち帰らんと懐紙に包み懐に入れておいたところ、中で溶けて服も身体もベトベトになってしまった、などの話がまことしやかに伝わっている。

それ以前に渡欧した人についてみてみると、天正の少年使節の伊東マンショ、千々石《ちぢわ》ミゲル、中浦ジュリアン、原マルチノ、慶長の遣欧使節の支倉六右衛門常長、ロシアで過ごした大黒屋光太夫、同じくロシアに行き着いた仙台船・若宮丸の津太夫等、いずれも何らかの形で正式あるいはそれに近い形の晩餐を体験しているが、不思議とその時にアイスクリームの饗応があったとの記録がない。

ヨーロッパの氷菓の歴史をみてみよう。ローマの英雄ジュリアス・シーザーや暴君として伝えられる皇帝ネロが届けさせた氷雪に果汁やワインを混ぜて飲んだ云々はともかく、もっと近いところをのぞいてみると、一五三三年にイタリアのメディチ家のカトリーヌ姫が、後のフランス王となるオルレアン公に嫁いでいる。この時にシャーベットの技術がフランスに入り、少しずつ広まっていったといわれている。イギリスでは一六〇三年に初めてシャーベットという言葉が出てくる。しかしまだ上流階級に限られていたようで、一六六〇年頃にシシリー人のフランシスコ・プロコピオという人がレモネードやオレンジエードを凍らせて売り出し、大変な人気を集めて、次第に一般庶民の口に入るべく広まっていった。その後英語圏においては、これにクリームを混入するとバター状になるため、バターアイスとかクリームアイスと呼ばれるようになり、転じてアイスクリームとされるに至った。

ただ正式な晩餐のメニューにのるようになったのは、一八世紀の終わり頃といわれている。またアメリカに伝わったのも同じ頃である。こうした史実と照らし合わせると、先に渡欧した日本人たちも年代的には、少なくともシャーベットタイプのものに巡り合うチャンスは充分にあったはずである。であれば冷たくてたちまち溶けてしまうという、珍しくも不思議な性格上、当然いくばくかの驚きのコメントなり記録ぐらいは残っていてもよさそうなものだが、残念ながら見当らない。ないとなればしかたがない。よって本書としても取りあえず彼らをして邦人で初めてアイスクリームに接した人と記しておくことにする。もしこれより前にこれを口にしているとしたら、ロシアの宮廷文化に触れた大黒屋光太夫かアメリカで活躍の場を得たジョン万次郎あたりかもしれない。

●町田房造の好奇心と探究心

とまれこうして日本人初のアイスクリーム体験者が出たわけだが、ではこれを日本で初めて作った人は誰か。それがここに取り上げさせていただく町田房造という人物である。

彼はその実、多くのなぞに包まれたところを持っているが、分かっているところを記すと、幕臣の家に生まれ、万延元（一八六〇）年、一六歳の時、勝麟太郎等とともに咸臨丸で渡米した。この時彼はマッチや石けん、輪ゴム、氷などの製法を見学し、二度目の渡米でそれらの技術を身につけて帰国している。

幕府崩壊後は武士も町人も同じで、いずれかに仕事を見つけなければならない。彼は横浜馬車道常盤町五丁目において氷水屋を開業。あちらで習い覚えたあいすくりんとやらの製造販売を試みる。時に明治二年のことであった。ところでその売り値がひとり分で金二分。時価に換算すると約八千円で、当時の女工さんの半月分のお手当に相当したという。『横浜沿革誌』（明治二五年七月一三日発行。著者兼発行者は大田久好）によると、〝立ち寄るは外国人ばかり……〟とあるごとく、その高額さゆえかさっぱりさばけなかった。思えばさんざんなデビューであった。しかしながら世の中分からないもので、翌年の伊勢神宮の遷宮祭の折にはお祭り気分も手伝ってか異常なほどの大人気となり、代金を収める場所にも困るほどに努力が報われた。この時のあいすくりんがどのようなものであったかは、残念ながらつまびらかではないが、これを機にその種のものを手がける人も陸続したらしい。しかしながら当の本人はそれに執着することもなく、それどころかさっさと手を引き、造船方面の仕事についてしまう。そのまま続けていたら相当の財を成したのではと思うのだが、そうしないところが骨っぽい。幕臣の家系のゆえであろうか、清く国家的プロジェクトにつながることでお国に貢献する道を選んでいる。その陰には、かつて太平洋横断で運命をともにした勝海舟（麟太郎）の働きかけがあったやの推測もなされている。

さりながら〝日本で最初にアイスクリームを作った男〟という甘き名誉は溶けて消えることなく、歴史に刻み込まれていつまでも語り継がれるところとなった。

横浜市の関内駅近くの馬車道通りには、わが国アイスクリーム発祥の地として、

〝太陽の母子像〟のモニュメントが建てられている。それがアイスクリームの記念碑と気付かない方も大勢おられるようだが……。

なお、今日は五月九日が〝アイスクリームの日〟と制定されている。これについては、初めてそれが売り出されたのが同日であったとの説があるが、実のところはそうではない。高度成長期のさ中の東京オリンピック開催の年、アイスクリームがもっともおいしく食べられるとされる気温が二一～三度となるこの日をして、〝アイスクリームの日〟と、東京アイスクリーム協会（現・日本アイスクリーム協会）が定めたもの。いずれにしても町田房造の好奇心とあくなき探求心が、今日のスイーツマーケットの主軸の一端たる氷菓の文化を切り開いたのである。

あんパン生みの親、銀座木村屋創業者父子 木村安兵衛《きむらやすべえ》と英三郎《えいざぶろう》

木村安兵衛　一八一七年〜一八八九年
和洋折衷の不朽の名作、あんパンの生みの親。

●洋菓子のような、和菓子のようなパン

洋菓子文化の発展過程においては、いろいろなものが手がけられ、試され、結果世界に類を見ない数々の名品が編み出された。

日本人の嗜好に合わせるべく試行錯誤をくり返し、新しいことにトライし続けてきた不断の努力の証しといえようか。こうしたうちのひとつに、かくいうあんパンがあった。和風に作った洋風のパンに和菓子の餡をあしらった、洋菓子のような和菓子のような、只者でないパン。そんなものの発案者が、ここに取り上げさせてい

ただく木村安兵衛なる御人である。

常陸の国、今の茨城県に士族として生まれた彼は、維新によって職を失い、東京府に上ってきた。当初彼は授産所という、婦女子や失業者を集めて技能を習得させたり、仕事の世話をする施設に勤めたという。

ところがそのうちにパンという新しい食べものに触れ、「これからはパンだ。これぞ新しき食糧だ」と直感。たちまちにして職を辞するや、長崎のオランダ人の下で働いていた梅吉という男を雇い入れ、息子の英三郎とともに東京芝、日陰町にパン屋を開業する。時に明治二年、文明開化の〝文〟と英三郎の〝英〟の字をとって文英堂と名付けた。

しかしながらその年の暮、開いたばかりの店は日比谷方面からの出火で焼失。思い切って銀座尾張町（現在の五丁目）に店を移し、屋号も自らの姓をとって木村屋と改めた。

どうしたら日本人になじみのないパンを広めることができるのか。ここでも父子の努力は続く。そして研鑽の末、食パンに砂糖を加えた、いわゆる今でいう〝菓子パン〟を考案する。これを開通したばかりの鉄道の新橋駅構内で売り出したところ大評判となった。キオ（ヨ）スク第一号である。

●より日本人に合う味を求めて

ところで話は変わるが、白米を主食とする当時の都会人にとって、脚気は原因も治療も分からぬ恐ろしい病であった。ところが、同店のパンを食べるうちに脚気が治ったという話からまた評判が立ち、明治八年の日本海軍初の遠洋航海や西南の役でも木村屋のパンは引っ張りだことなった。こうして珍奇な食べものであったパンも次第に日本人の間に広まっていったが、これごときに満足する木村父子ではない。さらに日本人の口に合うパンをと頭を悩ませる。日夜研究に没頭していた英三郎は、はたと酵母を変えてみることを思いつく。西洋パンはホップ、すなわちビール酵母を使っているが、自分たち日本人には古来よりなじんでいる酒種のほうがいいのではないか。そんなインスピレーションのもとに酒種パンを考案。さらに和菓子に用いる小豆餡を包んで焼くことを思いつく。明治七年、わが国パン史上に燦然と輝く〝あんパン〟の誕生である。

南蛮菓子のひとつとして伝えられたパンを日本風に、加えてさらに餡を包んで今様のお菓子感覚に……。この思惑はみごとに当たった。空前のヒット、大ホームランである。続いて翌年には山岡鉄舟の推めで、桜の花の塩漬けを上面中央に埋め込んだ〝桜あんパン〟を作り、明治天皇にも献上している。餡の甘味と桜の塩加減は、これまた絶妙のバランスである。こうした偉業に敬意を表して、山岡鉄舟は墨痕淋漓と〝木村家〟の書を贈った。この額は長く同店の家宝とされてきたが、惜しむらくは関東大震災で焼失してしまったことだ。それも三代目当主・儀四郎が、被災者に無料でパンを配ろうと、火の手が回るもかまわずパンを焼き続け、持ち出すひまがなかったという。いかにも木村屋らしい逸話である。

その後も木村屋はますます大繁盛。明治、大正を通したパン店およびパン菓子店のかなりのところ、一説には九割がたがこの木村屋の系統で占められていたといわれるほどに、隆盛をきわめた。日本の味覚文化に大貢献を果した現在の木村屋總本店は、こうした歴史の上に成り立っているのである。

本邦フランス菓子パティシエの先駆け
村上開新堂の創業者

村上光保《むらかみみつやす》

不詳〜一九〇三年
我が国におけるフランス菓子の先駆けとされる希代の名匠。

●きっかけは明治天皇の鶴の一声

パティスリー・フランセーズ、フレンチ・ペイストリー、フランス菓子……。古くよりお菓子を語るにあたっては、なぜかことほどさようにフランスの文字が冠頭についてまわる。そして見渡せば北から南まで我こそはフランス菓子何々屋、フランス菓子ナントカと、それぞれがフランス菓子の専門店を任じている。かくいう筆者のところとて同様ゆえ、あまり偉そうなことを言えた義理でもないのだが、それにしても何ゆえいつもフランス菓子なのか。歴史を検証し、それらの背景をこと細かに申し述べる紙幅を今は持ち合わせないが、詰まるところ王侯貴族中心の最後の時代に最大の栄華を誇ったのが、ブルボン家によるルイ王朝だったわけで、そこに集まった最高レベルの食卓の饗宴が、革命によって野に下り、八方に伝播していったということなのだ。ゆえに日本といわず世界中の人々が美味なるものを求めるにあたって、常にフランス料理、フランス菓子と奉り、今日に引き継がれたという次第。

ではその栄光あるフランス菓子を、我が国で日本人として一番最初に、かつ本格的に手がけた人は誰か。乏しい資料から断定を下すのは甚だ危険とは承知ながらも、確証あるところから探ってみると、村上光保という人が浮かんでくる。

彼は京に生まれ、御所勤めをしていたが、維新の遷都とともに東京に移り、そのまま奉職を続けた。世の中がいくらか落ち着きを見せ始めた明治三年、重要な宴席には西洋料理を採用との決定が明治天皇のお言葉によってなされた。急ぎ体制も整えなければならない。下された方針にしたがい、三四歳になった彼は、大膳職という調理面での要職にあるまま、横浜のサミュエル・ペールというフランス人のもとに出向を命ぜられた。料理人にして製菓人である同氏は横浜八四番館でホテルを、八五番館で洋菓子店を経営していたが、光保はここで主に西洋菓子の製造法を学ぶ。もっとも国体を重んずべき宮中が、率先して洋食や洋菓子の技術の習得に努力を払ったことは、この時代のできごとのひとつとして大いに注目に価しよう。それがまた特にフランス料理、フランス菓子であったことも、その後の日本の食文化の方向付けに大きな影響を与える要因となった旨、否定できないところである。なお、本場のフランス人製菓人より直接の手ほどきを受けた彼は、元来の努力家の性格に加えて感性も人並みはずれて優れていたのだろう。後々の日本のお菓子業界の指標となるほどに、レベル高く幅広い技術を身につけていった。

●開新堂

研修を終えて大膳職に復帰した彼は、明治七年東京麴町に、文明開化をもじる開新堂（姓をつけて村上開新堂ともいう）と銘打つ西洋菓子の専門店を開業した。当初は奉職しながらの兼業のため、正式には妻・茂登の名においての旗揚げであった。職を辞して製菓業に専念の後は、ますますもって一層の精進を重ねたということで、その領域はデコレーションケーキから大がかりな洋風工芸菓子、加えて氷細工にまで及び、名人の名をほしいままにした。

多くの場合、名もない人がその嚆矢となる事実があることは承知ながらも、これ以前のフランス菓子との確たる接点を見出せぬ今、本書にあってもこの村上光保氏をして、あまたあるフランス菓子の担い手の先駆けとさせていただく。

平成の今も同店は閑静な一番町の一角に佇み、当初より数えて五代目にあたる山本道子氏のもとに、盤石の体制でしっかりとのれんが守られていることもお伝えしておく。

なお、この五代目さんと同姓同名の女流作家もおり、時折混同されるそうだが、現当主またそれにも増して多才にしてたおやかな健筆をふるい、『お菓子の香りにつつまれて』（文化出版局）、『村上開新堂Ｉ』（講談社）等の著作を持つ文筆家として活躍しておられることを、さらに加筆させていただく。

西洋菓子のパイオニア、凮月堂本店歴代当主

歴代・大住喜右衛門《おおすみきえもん》

初代　不詳〜一八一二年

いつの時代でもその業界をリードする、いわばリーディング・カンパニーというものがある。明治から大正にかけての洋菓子の勃興期においては、凮月堂一家がその役を担った。

●凮月堂の「凮」のいわれ

パンの世界をリードした木村屋同様、その影響力と食文化向上への貢献度の高さは、後世の目から見ても計り知れないほどのものがある。その同店の創始者が初代・大住喜右衛門（旧姓・小倉喜右衛門）である。

伝えられるところによると、初代喜右衛門の実父重兵衛は近江の国の細田家の人で、親戚筋にあたる灘波の商家たる小倉家の養子に入ったという。また別説では、祖先の小倉が備前の国高梨郡肩瀬村に帰村し、後に大坂に移り、その八代目が小倉重兵衛であるという。いずれにしてもその重兵衛の次男として生を受けたのが、小倉喜右衛門で、彼は幼い頃より独力不屈の気概を持ち、常に父兄の保護を受けることを潔しとしていなかったという。延享四（一七四七）年、喜右衛門一七歳の折、父兄より許しを得た彼は単身江戸に向かう。そして京橋鈴木町（現在の京橋二丁目の裏通り）に、菓子製造を旨とする店を開き、出身地の名をとって大坂屋と称した。その折、彼は小倉姓を大住と改める。（注：別説では大住姓と改めたのは二代目とも……）

爾来精励刻苦に勤め、清貧にして清潔をモットーとする姿勢から、漸次名声を高め、島津、山内、有馬等、在住諸侯の愛顧を受けた由。また、寛政初（一七八九）年、ヨーロッパではちょうどフランス革命のあった年だが、筆頭老中を辞して楽翁と称していた松平定信公より、お出入りを許された同店は、さらに努力を重ね、いよいよ認められるところとなった。なお、二代目の時に南伝馬町（現在の京橋二丁目表通り）に店を移す。この二代目は、ことの他楽翁公より引き立てを得、公より自らの雅号である凮月をもって〝凮月堂清白〟の五文字を賜る。同席した水野越中守忠邦もともに喜び、書家の市川米庵に命じてこれを揮毫させたが、その折、米庵は彼一流のペダンティズムによるものか、風の中の一虫を避け、中国の古字の凬を用いた。ところで今日、同店では、〝几の中に百〟と書いて〝凮〟としているが、調べるに、元来中国にも日本にもかくなる文字はなく、察するところ彼のアレンジメントか、あるいは〝一〟と〝日〟を書く時に筆の勢いで続いてしまい、〝百〟となってしまったものと思われる。四代目となるべき三代目の長男が早逝したため、某刀剣商に忠実精励の模範となるべく勤めていた次男の重四郎が、四代目を継ぐことになる。

●五代目大住喜右衛門の気概

さてこの凮月堂、維新後も研究怠りなく、明治五年には五代目大住喜右衛門のもとに西洋菓子の製造を始め、和洋を通じてのお菓子の大店として充実を見ていく。五代目の偉いところは、老舗になってなお新しいものを取り入れるというしごく積極的な姿勢の他に、番頭の米津松造にのれんを分けて独立を許したことにある。普通これだけの老舗、大店になるとそうそう簡単にのれんなど与えなくなるものだが、ここにも当主の寛大かつ積極的な気概が表われている。裏を返せば、心よくそれを許された米津松造もまたそれに価する人物であったということであろう。その後は大住喜右衛門率いる凮月堂本店と、米津松造率いる米津凮月堂の二人三脚による活躍で、明治から大正にかけてのわが国の洋菓子界をリードしていくことになる。

終りにもうひとつ逸話を……。

明治二二年に菓子税に対する不満がつのり、各府県にその全廃を請願する動きが活発化した。その時五代目喜右衛門は、我が国の財政事情から鑑みて、その全廃はいささか行き過ぎと冷静に判断し、漸次改正論を説いて同業者を説得。推されて京橋区菓子商総代となり、元老院に建白し、また自ら各大臣および当局者の門をたたいて事情を説くなど東奔西走。また、帝国議会の開設に際し、各区の同業をまとめて東京菓子商同盟会を起こし、その委員として日夜各議員のもとを訪ねるなどして尽力。ついには二府一一県の多数をもって、改正請願書を両議院に提出。もってその請願は貴族院において満場一致の賛成を得るに至った。

そのことあって彼は京橋区菓子商組合の頭取に推され、かつ商業会議所会員に当選。加えて第一回博覧会の審査顧問に命ぜられ、さらには日本橋菓子商聯合協会委員および東京工業協会の委員兼幹事を務めるなど、公私にわたって同業者中もっとも徳望信用を博する人物との評価を得るに至った。製菓業者として積極的に政《まつりごと》に関わりを持ち、同業種の地位向上に努めた傑物として、この五代目氏もまた歴代と並び特筆に価するひとかどの人物であったといえよう。

西洋菓子の第一人者、米津凮月堂創業者
米津松造《よねずまつぞう》

一八二八年～一九〇八年

松造は、アトランダムに入ってくる情報を見極め、この世界の数々を近代菓子へと脱皮させていった点で、特記に価する傑物であったといえる。また主家である京橋区南伝馬町の本店をよく助け、いい意味で競い合い、ある時は二人三脚で製菓技術の研鑽に励んだ。

●ビスケットで一世風靡

東京京橋の凮月堂本店より独立を許された米津松造は、明治六年に東京日本橋区

両国に開業し、大住喜右衛門の本店にならって和菓子に加え、西洋菓子の製造販売を始めた。

この頃は何をやっても本邦初ということになるため、その足跡、業績をいちいち挙げていたらきりがないが、ほんの一例を以下に記してみる。

凮月堂本店の大住喜右衛門は、当時まだ番頭であった米津松造を、最新ニュースあふれる横浜につかわし、早くより西洋菓子事情を見聞させていたが、明治七年ついにリコールド・ボンボンなるリキュール・ボンボンを完成。宝露糖と名付けて売り出した。今でこそ濃度の高い糖液を、水をはじく澱粉やコーンスターチにあけた穴に注入し、上から同じ粉をふって静置しておくと、まわりに糖膜が張って中に水溶液を閉じ込める原理は広く知られているが、最初にそのことを知った時は、まるで手妻《てづま》（手品）を見るような驚きを覚えたはずである。何しろ〝お菓子作りは化学である〟に初めて触れたのだから。

続いて明治八年、分家である米津凮月堂では以前よりビスケットの研究にいそしんでいたが、この年ようやく本格的なビスケットの製造に成功している。そして明治一二年には、イギリスより蒸気エンジンによるビスケット製造機を輸入し、我が国で初めての製菓の機械化を試みた。

かつて当主・米津松造は、戴き物のビスケットをバタくさいといって食べずに仏壇に上げておいたところ、長男の和吉（若くして他界）、次男の恒次郎の幼い二人がいつの間にか食べてしまった。大人がなじめないものでも、何の先入観もない子供たちはおいしいという。そのうえ滋養にあふれ、身体にいいとなればなおさらのことと、思い直してビスケットを追求する気になったという。

それからは、同店のビスケットは一世を風靡するほどにもてはやされ、凮月堂一家を支える主力商品になるとともに、あまねく人々の口を楽しませ、かつ軍用ビスケットで軍部の大きな力となっていくことになる。

ただ、機械を入れた当初は、だいぶ勝手が違って大慌てをしたようだ。つまりそれを一日動かしただけで、一ヶ月分の品物ができてしまい、販売が追いつかず、まるで使いものにならなかったという。ところがひとたび戦争が始まるや、大車輪の活躍をするようになった。たとえば日清戦争においては、同店一軒で焼く軍用ビスケットの量と、東京全市の菓子屋およびパン屋で焼くものとが、ほぼ同量であったという。続く日露戦争でも同じく同店はフル稼動でまかない、軍部に納入している。

なお、ビスケットの機械化の数年前より日本の近代化も少しずつ軌道に乗り始め、それを象徴するかのような第一回内国博覧会が明治一〇年に東京で行われた。今でいう万博の国内版のようなもので、まさしく当時の日本の物質文化面の総力をあげた国家的プロジェクトだったわけだが、そこにおいて凮月堂両店は多くの最新西洋菓子を出品し、本店、米津店共々数々の栄誉に輝き、特に米津松造はこれをもって押しも押されもせぬ業界の第一人者として認められるに至った。

●猪口令糖＝チョコレート

話の時を少し戻そう。明治四年に岩倉具視を全権大使とし、伊藤博文、大久保利通、木戸孝充、山口尚芳を副使とした一行が渡米したが、彼らは二年後の明治六年、パリに赴いた時にチョコレート工場を視察している。楂古聿、儲古聿、櫨古聿、楂古津糖、叔箇鑾度等々、正式な表記すら固まっていなかった時代に、一貫した機械生産を見た一行の驚きはいかばかりであったか。それにしてもチョコレートなくしては成り立たないほどの、後世のお菓子の世界での蔓延ぶりなどは想像もつかなかったに違いない。ところが米津松造は、これにもしっかりと目を配っている。こうしたニュースが入るやただちに研究を始め、商品化に取りかかる。実際に販売が開始された時期はつまびらかではないが、明治一一年一二月二四日の「假名讀新聞」に貯古齢糖、そして明治一一年一二月二五日の「郵便報知新聞」に粋人らしくお猪口をもじって猪口令糖の文字を当てて、米津凮月堂製のチョコレートの広告を打っている。正式にキリスト教が解禁になってまだ日の浅い当時、いかに西欧文化最大の行事とはいえ、またそのクリスマスがどれほどの訴求力を持っていたかは計りかねるが、あえてその日に合わせて最新の西洋菓子の広告を新聞に載せるなど、なかなかできるものではない。チャレンジ精神旺盛な米津松造の面目躍如たるものが感じられる。カカオ豆の焙煎から手順を踏んでの一貫製造であったか否かは不詳ながら、おそらく、これが我が国最初のチョコレート菓子の加工、製造販売であったかと思われる。

商いもすっかり軌道に乗り、名声を得た米津松造率いる両国の米津凮月堂は、明治一〇年に南鍋町、今の銀座六丁目に米津凮月堂分店を出した。その後両国の米津本店は娘婿の博正（二代目松造）を後継者に（注・長男・和吉　早逝のため）、分店のほうは明治一五年に、一六歳になった次男の恒次郎を店主に配している。ここから恒次郎の活躍が始まる。

菓子屋として初の洋行を敢行

米津恒次郎《よねずつねじろう》

一八六七年〜不詳

日本橋区両国の米津凮月堂店主・米津松造の次男にして、同店南鍋町（銀座）分店の店主。ここより多くののれん分けがなされ、日本の洋菓子文化の裾野が広がっていく。

●洋行し、日本人として初めて本場のフランス菓子を修める

若くして一店をまかされた米津恒次郎は、父の熱意に応え、松造も期待をかけて、明治一七年に恒次郎の洋行、アメリカ行きが決まった。一菓子屋の息子の洋行に世間は驚き、当時の東京日日新聞もそのことをやや大げさ気味に報じるほどであった。

在米三年の後ヨーロッパに渡り、ロンドンおよびパリに学び各地を歩くなど、洋行は都合七年に及び、明治二三年に帰国した。その間、日本人にして初めて本場の本格的フランス菓子、フランス料理を修め、お菓子についてはウェファース、サブレ、カルルス煎餅（今日、日本の温泉地で売られている炭酸煎餅と同種）、ワッフル、英国式の重厚なフルーツケーキなど、まだ日本に紹介されていなかったものも含めた数々の最新技術を持ち帰った。次々に披露される洗練された新製品で、南鍋町の米津凮月堂分店の評価はますます高まりをみせていく。小説や芝居に取り上げられたのもこの頃のことである。

なお、これらの新技術のうちのいくつかは、さらに手が加えられて我が国独特のお菓子に変身していった。たとえばワッフルについていえば、本来パリッと焼き上がる生地を、柔らかい口当たりを好む日本人の嗜好に合わせたスポンジ状の生地に変え、折り曲げて間にジャムやクリームなどをはさんでみたりしている。さらに、これは昭和二年、恒次郎の子、米津修二の代になってからだが、カルルス煎餅のように薄く焼いたゴーフルの生地に、クリームを塗って二枚合わせにした大阪のゴーフルを作った。いわば創作菓子にしてゴーフル凮月堂風の誕生である。筆者が思うに、あの薄く丸い形といい、口当たりの軽さといい、まぎれもなくドイツ地方や東欧で今も親しまれているカルルスバーダー・オブラーテン Karlesbader Oblaten というクリームサンドのウェファース菓子にヒントを得たものと推察する。何となればば大きさ、薄さ、形体、口当たりとも、凮月堂のそれとほぼ違わぬものだからである。加えて表面のデザインまでが実によく似て彫られている。それにつけても試行錯誤のなか、改良を重ねて万人に合うべく完成させていった技量と情熱は称賛に価しよう。ちなみに、一口にゴーフルといっても、地方によっていくつかの種類があるが、フランス語のゴーフル、ドイツ語のワッフルと英語のウェファースは、本来同意語である。ところが創作意欲の表れであろうか、こうしたいきさつから名称と形態は英仏取り混ぜながら導入され、その実ワッフルはスポンジケーキ風に、ゴーフルは煎餅風にというように、それぞれが元の姿を離れ、我が国独特の道を歩むようになっていった。

●のれん分けで発展の道を歩む

ところで、同名の店がいくつかあるが、ここでそれらにまつわる〝のれん分け〟ということについても記しておこう。

京橋南伝馬町の凮月堂本店からは、六代目大住喜右衛門の弟の省三郎が、明治三八年に上野広小路に分店としてのれんを分けられている。一方、日本橋区両国の米津凮月堂本店からはのれん分けは出さなかったが、銀座南鍋町の米津凮月堂分店からは、明治三〇年に神戸凮月堂が生まれたのをはじめ、麻布飯倉町、神田淡路町、今川小路、四谷、蠣殻町といった東京市内各所の他、横浜常盤町（馬車道）、大坂（明治二六年高麗橋、大正一一年北浜に改めて開店）、長野、長野市上田、甲府、函館と次々各地に広がっていった。すなわち上野店を除いたその他の分店・支店は、すべて恒次郎のところからの枝分かれということになる。なお、分け方にあっては、身内の者に分ける場合が分店、店から輩出した者にのれんを与える場合は支店と称している。同じのれんでもこうして一線を引き区別してとらえている。

また、昭和三一年に東京自由ヶ丘に米津支店として、最後ののれん分けが、門林弥太郎なされている。

今日、同一家を見渡した時、時代の変遷にあって残念ながら姿を消していったお店も少なくないが、その他にあっては今も脈々と偉業を伝え、なお発展の道を歩んでいることはご存知のごとくである。京橋にあった総本店は昭和三〇年に休業して久しく時を刻んでいるが、筆者は子供の頃より、父について同店によくゴーフルを納入しに行っていた。休業後も建物が残っている間は同店の二階正面の上方に、はずした扇のマークの跡がついていて、それを見るにつけ、〝ああ、ここが本店のあった場所だ〟と心に刻んでいたものである。なお、その本店の直接の系譜は傍系の上野凬月堂に引き継がれ、凬月堂総本店の本流を担って余りある活躍と、広くお菓子文化の貢献に心血を注いでいる。

また、米津凬月堂本店は、現在も東京中野区江古田に両国凬月堂として盛業中である。さらに、南鍋町の米津凬月堂分店から迸った流れは、神戸、長野、甲府、東京自由ヶ丘といった各地に立派に受け継がれて今日に及んでいる。

西洋菓子界の巨匠、凮月堂一門の総帥

門林弥太郎《かどばやしやたろう》

一八八四年～一九七〇年

我が国における近代洋菓子育ての親。京橋の凮月堂本店も含む、凮月堂一門全店を束ねる総帥として業界を牽引、多くの優れた人材を世に送り出した。

●卓越した技術と温和な性格

明治一七年、長野県松本市において猿田条七郎と寿ゑの三男として生を受け、縁あって門林家の養子となる。弥太郎一二歳の時、同郷の米津松造に連れられて上京する。当時、米津松造は、東京において京橋の凮月堂本店よりのれんを分けられて日本橋区両国に米津凮月堂を開業。飛ぶ鳥を落とす勢いの大成功を収めていた。そして時折松本に、いわゆる郷里に錦を飾りに帰っていた。そうしたある時、同郷の少年たる門林弥太郎を託されたのである。米津松造は両国の本店を娘婿の博正（二代目松造）に、銀座南鍋町の同店分店を次男恒次郎にその運営を当たらせていたが、弥太郎は米津恒次郎率いる銀座店に配属された。同店当主を務める米津恒次郎は、明治一七年、弥太郎の生まれた年に渡米し、三年の在米修業を終えて渡欧。ロンドン、パリを始め、各地で学び、都合七年の洋行を終えて明治二三年に帰国している。つまり、帰国直後のもっとも意気盛んにして燃え上がっている御当主に預けられたわけである。

以来、その恒次郎について弥太郎は製菓を学び、恒次郎もまた彼の素質を見抜いたか、自らが習得したすべてを彼に教え込んだ。

卓越した技能を身につけながらもあくまでも温和な性格を持つ彼は、周囲のすべての人々が信頼を寄せるところとなり、若くして二代目職長（製造職総責任者）に抜擢された。そしてほどなく、京橋の凮月堂本店も含む凮月堂一門全店を束ねる総帥としての重責を担うまでになる。そして後の世に活躍する「コロンバン」創業者の門倉国輝、「洋菓子のヒロタ」創業者の廣田定一、「クローバー」創業者の田中邦彦、希代の名人と謳われた田中三之助、菓子作りの機関誌立ち上げ等に尽力した木村吉隆、「ランペルマイエ」創業者の長谷部新三等、近代洋菓子界を背負うべき多くの子弟を世に送り出した。そしてそのまた子弟が各地に散って根を下ろすなど、その影響力は計ること及ばざるものがある。このことによりわが国の洋菓子技術は飛躍的に発展し、あまねく行き渡るようになった。

そして全国に広がる彼の薫陶を受けた人々によって、弥太郎を囲むべく、凮月堂のマークをもじった扇友会なるものが作られた。今日の業界団体のひとつでもある日本洋菓子協会も、その扇友会のメンバーが主力となってまとまっていったものである。このことからも門林弥太郎の人徳、指導力のすばらしさ、菓子の世界に与えた影響力の大きさが偲ばれる。

●スイートポテトの立役者

なお追記するに、スイートポテトなる和風洋菓子を、今日の形にまとめ上げたのも同氏である。ついでながら先人の足跡のひとつとして記すと、以下のごとくである。

これはそもそも、明治二〇（一八八七）年末、東京銀座の米津凮月堂によって「芋料理《いもれうり》」として売り出されたものである。年代からみると、当主恒次郎洋行中の不在の折である。後、同店職長をまかされていた門林弥太郎がそれをお菓子としての今日の形に整えた。そのはっきりとした日時は不詳ながら、大正三年一一月二一日の報知新聞に、ベイクド・スイートポテトの名でその作り方が記されている。それはくり抜いた焼き芋の中に芋のペイストを詰め、その上に卵黄をぬってもう一度焼いたものであった。よってスイートポテトの名が付されたのは、明治後期から大正に入る頃と思われる。推測するに、日本には栗よりうまい一三里半といわれた焼き芋がある。これを料理風に仕立ててみたが、評判も悪くない。そこへ御当主が洋行を終えて帰朝。何でも洋風仕立てにしようという空気のなか、職長を拝命した門林弥太郎をはじめとする、今でいうパティシエたちが試行錯誤をくり返し、和の素材をもって洋風仕立てにしてみようと芋料理としていたペイストにバターや砂糖、卵等を練り込み、餡炊きの要領で練り上げた。そしてくり抜いた芋の皮の中に再びそれを詰め直し、卵黄をぬるなどして洋風菓子に仕上げてみた。こうしてでき上がったものが、かくいうスイートポテト。たかが一片の菓子なれど、洋風菓子創草期の日本の職人たちの努力の一端が、こんなところにも垣間見られよう……。

ちなみに創意と工夫の結晶たるこの和風洋菓子、当時のトップスターであった松井須磨子が大好物であった由。そしてこの差入れを心待ちにし、幕間にいつも口に運んでいたとか。

なお、当の門林弥太郎だが、後年の昭和三一年に、東京自由ヶ丘に米津凮月堂として最後ののれんを分けられている。余談ながらこの門林弥太郎は、筆者の母方の祖父である。

西洋菓子王・森永製菓創業者

森永太一郎《もりながたいちろう》

一八六五年〜一九三七年
日本にあまねく甘味文化を行き渡らせた森永製菓の創業者。

●菓子材料の国産化と菓子司の企業化

江戸時代からお菓子司として続いてきた老舗や、新興のお菓子屋さんの活躍で根付いていった洋菓子文化は、明治中期になるといっせいに芽を吹きはじめ、ひとつひとつを取り上げるに困難を極めるほどのにぎやかさを呈してくる。そしてさまざまな葛藤の末、その中のいくつかがまた後の世に大きな影響を与えるほどの成長を遂げていく。いわば明治の前半を洋菓子店誕生の時とするならば、中期以降は後になる大企業の勃興期といえよう。

なお、時とともにスイーツ文化を進展させるべく状況も変化し、また環境もいろいろと熟してくる。たとえば、明治一二年に八丈島で初めて国産のバターが作られた。バターはお菓子作りにとっての必需品のひとつである。また明治二九年には日本製粉と日本製糖といった会社が創立された。先の慶応三年に牧場で牛乳が生産され、次いで国産バターが作られ、今また小麦粉、砂糖の入手が容易となれば、幅広い洋菓子製造の環境は自ずと整ってくる。加えてこの少し前の明治二六年には日本郵船の外国航路が開かれた。最初はボンベイ航路であったが、三年後の明治二九年三月には欧州航路、同八月には北米航路の運航が始まった。

●キャンディーとの出会いが、新たなビジネスモデルを育くむ

こうして内外の環境、諸条件の整ったところで、明治三二年、アメリカにて製菓技術を修めていた佐賀県出身の森永太一郎が、一一年ぶりに祖国の土を踏んだ。

彼は明治二一年、英国アラビック号に三等船客として乗り込み、単身アメリカに渡っていたのだ。伝えられるところによると、はじめは彼の地でそれまで関わっていた九谷焼の販売を志したが、一旗揚げるにはこれでは不足。さりながら、このま

まおめおめと帰るわけにはゆかぬ。何かしらひとつぐらいは身に付けねばと悩んでいた折、一粒口に入れたキャンディーの美味に心が打たれる。それまでは何でもよかったのだろうが、たまさかこんなところからお菓子と縁ができ、その道の研究に打ち込んでいく。

帰国途中の船内で知り合った人の好意で、帰国後さっそく東京赤坂に住いを借り、五坪のお勝手を作業所とし、しばし後、二坪の建て増しをしてキャンディー等の製造に着手した。大森永のスタートである。その誕生がわずか五坪であったとはだれが信じられよう。泣かせる話である。スタートが特異であればその後のプロセスもいささか並ではない。彼は他のお菓子屋さんがたどったように、まず店を持つ、開くのではない。そうした既存の店を回って自らの商品を扱ってもらうという、特約店販売方式をとったのだ。このあたりがすでにして合理的なあちら流だ。さすがにアメリカ帰りは、はじめから発想が異なる。彼は覚えてきたキャンディーやキャラメル、チョコレート、ナットケーキ、エンジェルケーキ、ジンジャーブレッドなどをこしらえ、東京の名だたるお菓子屋さんを片っ端から訪ね歩き、引き札と呼ばれた商品広告のためのチラシを配ってまわった。最初はただの一軒からも相手にされなかったそうで、回るたびの門前払いにずいぶんと涙を流したらしい。御菓子司としておさまる旦那衆と新参者との格式の違いを見せつけられると同時に、商いのむずかしさも教えられた。

そのうちに、アメリカでは駄菓子の部類に入るバナナ・マシュマロが輸入品のためにたいそうな価格で売られていることを知り、〝ああ、それならあちらでやっていたことがある〟と、さっそく同じものを作って廉価で持って回った。〝どうです、これなら〟というわけだが、それでも変わらず、ハナから相手にしてもらえない。たびごとに突き返されてもどる日が続く。それでもくじけずにトライし続けた甲斐があったのか、そのうちにあちらのものと品も変わらず、しかもこの値段でと、ようやく一、二振り向き理解を示してくれるお店も出てきた。そうなると風向きもまた変わってくる。取扱い店の風評を聞きつけるや、たちまちのうちに口づてに伝わり、一転して日毎に得意先も急増していったという。ちなみに少したった明治四〇年頃の資料によると、森永の製品を扱ったお店は、開新堂、凮月堂、壺屋、蟹屋、新杵、栄太楼、青柳、塩瀬、岡埜、菊廼屋《きくのや》、清月堂、さらには赤坂の大店の虎屋なども含まれていた。そうそうたる顔ぶれ、実力者たちである。それにつけても、これだけの旦那衆を相手に取り組んでいたのだから、さぞや気骨の折れたことと思うが、それはまた森永の製品の品質がいかに高かったかも如実に物語っている。それもこれもマシュマロが救ってくれたわけだが、ちなみにこのお菓子は、あちらではその口当りの軽さから別名エンジェル・フードと呼ばれているものだ。そうしたこともあって、後年同社のシンボルマークにエンジェルが採用されたということである。商標ひとつにもいろいろなバックヤードがあることが分かる。

●あめチョコが空前の大ヒット

きっかけをつかんだ彼のその後の大活躍は周知のとおりで、何をかいわんやである。それまでは西洋菓子類も発達してきたとはいえ、全体的にみればまだ大都市中心というごく限られたものであったわけだが、この森永太一郎の登場で、状況はガラリと一変する。彼のもとで作り出されるキャラメル、ゼリビンズ、ウェファー、マシマロといった製品群は工業化されるやまたたく間に広がり、日本国中津々浦々に甘き夢とやすらぎを乗せて届けられるようになったのだ。ちなみに森永では、明治四三年に初めて板チョコレートが作られている。

続いてその先を見てみよう。大正二年、同社はビスケット、キャラメル、チョコレート、ゼリビンズに加え、ベルベットや咳止め菓子としてコーフドロップスといった新製品を次々と打ち出していった。中でも圧巻だったのは、〝あめチョコ〟と称されたミルクキャラメルの発売だ。あめチョコというこのレトロな響きに感慨深くされる方も、近頃とみに少数派となったこと寂しい限りだが、それにつけてもなつかしい呼び名ではある。滋養と健康を説いて一粒五糎《りん》。翌三年には、たばこの代用を謳って十粒入りの小箱を発売し、空前の大ヒットとなる。就中《なかんづく》軍需品の認定を得るに至っては、もはや国民的な必需品の感すら呈するようになってくる。そのため、あめチョコに準じてチョコレート飴とした模造品が出まわったり、森永製菓合名会社なるまぎらわしい会社ができて同名のものを販売したりと、有名税を超えた問題にも次々と直面する。畢竟それほどすごかったということである。

●オールラウンドな製菓会社へ

森永の発展過程を、なお追っていこう。工場も東京に第一、第二、大阪に第三、兵庫に第四と増え続け、着々と全国規模の販売に対応していく。特に大阪工場では大正七年に、それまではあまり力を入れていなかった洋菓子にも取り組むべく、ベーカー部を設置した。いよいよオールラウンドの製菓会社としてのシフトができていく。

またこの年は、同社の田町工場において、日本で初めて、カカオ豆より製造するチョコレートの一貫システムが完成したことでも記念すべき年であった。ちなみにこれによって原料用チョコレートは、輸入品の七割安の価格になり、高嶺の花であったチョコレートもぐっと庶民の口に近づけることが可能となった。大正八年になると、同社は森永ミルクココアを、翌九年には森永ドライミルクをという具合に、矢つぎ早に新製品を打ち出し、実に年七割四分という信じられない高配当を行っている。そして絶好調の勢いをそのままに、大正一二年、東京大手町の丸ビル内に森永キャンディーストアを開業した。卸し売り専門に徹してきた森永が、自社製品の実物宣伝をすると同時に、菓子店経営の模範、参考とするために作った初めての直売店である。いやがうえにも意気が上がり、同年おきた大震災ものともせず、続けて銀座にも出店し、甘い物屋の第一人者としての重責をまっとうすべく、力強い歩みを続けることを天下に示した。今日の日本を代表するスイーツ企業のひとつの森永製菓の基盤はこうしてできあがっていったのである。

歴代ドロップ研究者と佐久間式ドロップス創業者
岸田捨次郎《きしだすてじろう》と桐沢桝八《きりさわますはち》、佐久間惣次郎《さくまそうじろう》

各人とも生没不詳。

初の国産ドロップを作った岸田捨次郎。ドロップ製造機をアメリカから導入した桐沢桝八。サクマ式ドロップスで、大成功を収めた佐久間惣次郎。

●初の国産ドロップを作った岸田捨次郎

明治時代も中期にさしかかると、社会も相応に発展してくる。それにしたがって、あらゆる職種においても必然的に、個人レベルから会社作りへの気運が高まっていく。甘き世界も同様であった。その一例をドロップというお菓子に視点を当ててみ

てみよう。

森永太一郎が自家製洋菓子をもって発展していく時期、輸入菓子として評判を得ていたのが、イギリスのモルトン社製のフルーツドロップであった。口に広がる果汁の芳香は、西洋菓子を目指す者にとってはたまらない一種の憧れに近いものがあったようだ。ところがまねのできなかったそれを、見よう見まねながらみごとに模し、初の国産ドロップを作り上げた男がいる。東京芝口に地球堂の看板を掲げていた岸田捨次郎である。ちなみに同氏は、明治の左甚五郎といわれたごとく、工芸菓子の名人として知られた製菓人である。彼の作る人形や馬車、さらには長さ一メートルにわたる竜、高さ二メートルの名古屋城といった作品は、その微細を穿った写実性により、多くの人を驚嘆せしめたという。

話を戻すと、かの森永太一郎をして、その彼こそは我が国のドロップ製造の嚆矢であり、自分もそれを十分心得ていたため、しばらくはドロップには手をつけなかった、と言わしめている。それくらいすばらしいでき栄えに見えたようだ。また、後々チョコレートで名を成す芥川製菓の初代・芥川鉄三郎も早々と、明治二五年頃からドロップに魅せられて研究を始めていたが、ことこれについてはかくいう岸田のほうが、やや先んじて評価を受けていたらしい。思うにドロップは、その頃の西洋菓子の最先端にして最重要品目のひとつとして、互いの技術力を計る尺度とも見られていたふしがある。

その岸田は、明治三一年（一八九九年）、ビスケット作りで名を知られていた志村吉蔵および広瀬長吉という二人と組み、日本洋式製菓合資会社という法人組織を興した。記録のうえではおそらくこれが、お菓子の世界における初めての会社組織と思われる。岸田ら三人はそれぞれが得意とするドロップやビスケットの製造に着手するが、残念ながら道程はかんばしくない。期待をかけた岸田式ドロップも、いざとなると量産体制にそぐわず、わずか半年で解散の憂き目を見ることになってしまった。

●ドロップ製造機をアメリカから導入した桐沢桝八

旧来の体制に抗うべき、斬新なる試みの日本洋式製菓の夢が早くも崩れかかったその頃、東京、横浜を中心とした当代一流のお菓子屋の店主が顔を揃え、これからは個々の競争もさりながら、力を寄せ合うことも必要と、一同結束して一大製菓会社の設立を志した。そして岸田、芥川等と同様にドロップ製造機を購入し、社名も日本洋式……よりさらに大きく東洋製菓とした。しかしながら船頭も多すぎ責任もあいまいと、悪い面ばかりが浮き彫りになり、初めの頃よりの気宇壮大な夢もまたたく間にしぼんでしまった。

そうしたさまざまな夢を引き継いだのは……。菓子業界にも特異な人物がいるもので、横浜の花柳界において杵屋の芸名で幇間《ほうかん》（太鼓持ち）を務めていた相沢桝八という人がいた。幇間としてはずいぶんと売っていたというが、一念発起、明治八年に自分の名からとった新杵の屋号で、横浜仲町に菓子店を開業する。お客様の気をそらさぬが身上か、すっかり人気を得て、日本橋を皮切りに長野、大磯、神田、京橋、浅草等々、またたく間に分店支店を増やしていった。彼は明治二六年アメリカにまで視察に出かけ、シカゴの博覧会でドロップ製造機を見つけて早速購入、研究に取り組んだ。翌二七年、息子清吉にまかせてある日本橋の分店にこの機械をそなえつけ、製造に着手した。この記録でみると、ドロップの商品化としては大変早かったといえるが、そう続かなかったところから察すると、こちらもあまりうまくことが運ばなかったらしい。ところがここに佐久間惣次郎という人が勤めており、ドロップにかける情熱をそっくりと受け継ぐ。

●サクマ式ドロップで大成功を収めた佐久間惣次郎

彼は明治四〇年、長らく勤めた同店を辞して独立を果たし、神田八名川町に三港堂という名の店を開いた。ここで長年の成果を問う、先輩達のなかなか成し得なかったドロップの発売に踏み切るわけだが、苦労と努力の甲斐あって、ついに大成功を収める。世にいうサクマ式ドロップスの誕生である。サクマ式という、この「式」がいい。ここにこそ、作り手としての誇り高いプライドが、垣間見られる。また、このネーミングひとつにも、ある年齢以上の方々には限りないノスタルジーが感じられるのではあるまいか。

カステラをメジャーに育てた文明堂創業者兄弟

中川安五郎《なかがわやすごろう》と宮崎甚左衛門《みやざきじんざえもん》

中川安五郎　一八七九年〜一九六三年
宮崎甚左衛門　一八九〇年〜一九七四年
南蛮菓子のカステラを、日本の名菓として普及させた立て役者。

●文明堂を立ちあげる

長崎県南高来郡の大工の子として生まれた中川安五郎は、長崎市に出てカステラの作り方を覚えた。〝長崎カステラ〟といわれるだけあって、同市ではいたるところでこれが商われていたが、彼もその一員となり、明治三三（一九〇〇）年、二二歳の時に文明開化にあやかって文明堂と名のり、独立を果たした。この小さな旗揚げが後の大文明堂のスタートになろうとは、誰が予想したであろうか。

●宮崎甚左衛門、奮起する

同店の足取りを少し追ってみよう。明治四二（一九〇九）年には、実弟の宮崎甚左衛門が同店に入店し修業に入った。この弟さんのがんばりも並ではなかったようで、後半〝カステラ甚左〟と呼ばれた伝説の人である。当の宮崎甚左衛門は、大正五（一九一六）年に佐世保で同名の店を興しており、兄弟力を合わせた努力の結果、開業三〇年後には文明堂一家のみで、全国のカステラ生産高の過半数を占めるまでになっている。

いずこの成功者にもいえることながら、苦労話、逸話の類、枚挙にいとまがない。知られたところでは、三越との因縁浅からぬ話がある。宮崎甚左衛門著『商道五十年』を参照させていただきながらご紹介する。

商いも順調に伸び、大正一一年にはついに、〝今日は帝劇、明日は三越〟のキャッチフレーズに乗る小売業の覇者、三越との商品納入契約が結ばれた。三越側の条件は、五大呉服店のうちの他の四店、すなわち白木屋、高島屋、松坂屋、松屋には納入は差し控えるというものであった。まずこのくらいはやむなしと、宮崎これを諾して商談成立。なお、大量注文にそなえて東京に出店をと、たっての三越のすすめで、虎の子をはたいて下谷区東黒門町に東京店を開業した。しかし運悪く翌年の関東大震災でこれを焼失し、ほとんど無一文に帰したが、天災ではいたしかたがない。再び立ち上がる。天が味方したか今度は風向きが変わり、これを機に百貨店も大衆化が進んで、カステラの売上げも順調すぎるほどすこぶる伸びていったという。そんなある時、三越よりカビの生えた品物が返され、ひどくお叱りを受けた。調べたところお回し品だったらしく、奮然とした彼は名誉を挽回せんと実演販売を申し出て、これがまた大成功する。今日の百貨店食品売り場ではこれしきのことは珍しいことでもないが、当時としては画期的な試みであった。この種のことでは、おそらく初見ではないかと思われる。

●トラブルをバネにして大きく飛躍

ところで、ますます評価の高まったある時、あろうことか三越系の食品デパートの二幸が、文明堂の職人をスカウトしてカステラの製造をはじめるというトラブルが発生した。これは誰が見ても眉が曇る。一徹の宮崎甚左衛門は憤り激しく敢然とこれに抗議し、あれほど情熱を傾けた三越との縁を自ら断ち、自立の道を歩み始める。そして商人の意地を見せるべく、三越のある地に次々と自店を開いていった。すなわち、日本橋店、銀座店、新宿店……。カステラに命を捧げる宮崎甚左衛門のプライドをかけた戦いでもあった。後に三越側も謝意を表明。ことの経緯はともあれ和解し、胸襟開いて今日に至っている。伝統を誇る巨人三越を向こうにまわして一歩も譲らず、商人道を貫いた宮崎甚左衛門も立派だが、ひるがえってそれほどの大店にもかかわらず、非を認めるや率直に一歩退き、忌憚なく詫びを入れて事を収めた三越もさすがであった。

ただそのことあって文明堂永久の繁栄の基礎が築かれたわけゆえ、考えようによっては同店にとって三越は大恩人であったのかもしれない。火事、カビ、スカウト事件に見られるトラブルごとの成長。この不屈のバイタリティを失わぬ限り、南蛮菓子の一輪を大輪に咲かせた銘店「カステラ一番、電話は二番」であまねく知れる文明堂は、永劫不滅といえようか。

食のエンターテイナー、新宿中村屋創業者 相馬愛蔵《そうまあいぞう》

一八七〇年〜一九五四年
日本の食文化向上に努めた新宿中村屋の創業者。

●新宿への移転がターニングポイント

信州長野から相馬愛蔵という人が、妻・良（後の黒光）を伴って上京してきた。そして明治三四（一九〇一）年、折よく本郷の一角に中村屋と称するパン屋の売りものに巡り合い、これを求めて居抜きで開業に運ぶことができた。ところが当時、この界隈は、東京でもなかなかにぎやかしい地域のひとつであり、それに比例するごとく東京府内有数のパン屋の激戦区でもあった。そこへの新規参入ということで、競争はさらに激しさを増していく。しかしながら主を変えた中村屋は、懸命の

努力をする。誠心誠意仕事に打ち込み精進を重ねた結果、前の代で一度離れかけた客足も再び戻り、否、旧に倍して繁盛していった。

こうして店としての基礎も固まってきたある頃、手狭になってきたこともあって、相馬夫妻はある決心をする。日々の戦いもさることながら、さらに大きな夢を求めんと、明治四〇（一九〇七）年に、打ち込んできた本郷を離れて、東京のはずれにある新宿に転出を決めたのだ。人にも企業にも、その行く手を大きく左右するいくつかの転機というものがあるが、後々振り返るに中村屋にとっても相馬にとっても、この時がまさにそうしたことの最大のチャンスだったと思われる。これを捉えた同店はその二年後に現在の地を入手して店舗を刷新。ここにあまねく知れわたる新宿中村屋の基礎が築かれたのである。

なお、店主の相馬愛蔵は、述べたごとくの努力家にして、パッと新宿移転を決めるなど機を見るに敏。加えてなかなかのアイデアマンであった。それだけ取り組み方が真剣だったともいえるが、一面かい間見るなら、シュークリームを口にしてその美味しさにうたれたことから、すかさずパンの中にそのクリームを取り込むことを思いついて、〝クリームパン〟を編み出した。また当時もてはやされていたワッフルについてもこれに準じて、ジャムの代りにクリームをはさんだクリーム・ワップルを売り出した（注：ワッフルの表記もウオッフル、ワッフル、ワップルなど統一されていなかった）。これらは先の木村屋のあんパン同様、信じられないほどの大評判を博して、あっという間に全国に広まっていった。

●新宿中村屋と木村儀四郎

なお、相馬愛蔵は新宿移転にあたり、当時パン屋の最大手であった銀座の木村屋の三代目当主・木村儀四郎を訪ねて意見を伺った。木村いわく、「本郷は競争が大変だ。それに街として、すでにでき上がっている。その点、新宿はいい。これからの街だ。あそこなら大丈夫。まちがいなく発展する」と太鼓判を押されて決心がついたという。後、発展に発展を重ねて勢いづいた中村屋の銀座進出説が取りざたされた時、相馬は自らのことのように心配し、その行く手に光をかざしてくれた木村に対して、「決して銀座進出の如き不義理は至し申さず」の親書を送ったと伝えられている。もちろん現在は互いに敬意を払いつつ、こだわりなく商いが行われている由、聞き及んでいる。各地域間が遠く、商圏の狭かった頃のこととは申せ、苦労人同士の心の通う、聞いていて気持ちのいいお話である。

そして今、天下の木村屋なお盛業。新宿中村屋またしかり……。

●新宿中村屋のカリー

ところで同店の創始者たる相馬愛蔵について加筆させていただくに、おそらくこの業界初の〝学士〟ではなかろうかと思われる。いわゆるインテリというわけで、そうしたことを背景とする逸話にも、他の人の及ばぬものを持っている。

有名なところでは、インドの革命家ラス・ビハリ・ボースの一件がある。

ボースは母国インドにおいて、学業半ばにして退学し、一九一〇年以降は革命運動に専念した。そして一九一二年デリーにおいてインド総督ハーディング卿暗殺事件がおきるが、彼もそれに関与したことにより、インド国内で懸賞がかけられ、さらにラホール反乱の失敗から母国を逃れ、日本に亡命をする。英国の執拗な追求をくぐり抜ける彼を、その事情を知る相馬は犬養毅や頭山満といった有力な政治家の要請を進んで受け入れ、自宅に匿う。およそ政治的なことと接点の少ない製菓製パン業界にあって、特異といえばあまりに特異。よほどの勇気がなければとれない行動であろう。そのことがあって、ボースは後に相馬の娘と縁を持つようになる。中村屋の一員、家族の一員となったボースは商いを手伝うが、そこで日本にはカレーライスと称するものはあるが、本場のものとは違うことを憂い、恩返しの気持ちからであろうか、本場もののカリーを手ほどきする。それはたちどころに評判を呼び、今も同店の名物となっている。またエロシェンコ事件というのもあり、当時の新聞をにぎわした。

エロシェンコとは、ロシア生まれの盲目詩人にして童話作家である。そして大杉栄や長谷川如是閑らとも親交を持ち、アナーキストとして知られた彼は、来日中に本国の革命騒ぎで送金が絶えるなどの困窮に陥る。見かねた相馬は、かつてボースを匿った部屋に彼を住まわせ、面倒を見ていた。過激派の嫌疑をかけた警察は相馬宅を取り囲み、横暴とも思える官権を発動してエロシェンコの逮捕に踏み切った。相馬はその狼藉に対して敢然と抗議し、時の警察署長に謝意を表させている。はっきりとポリティックな意見を述べることのしにくかったこの時代の、彼は数少ない気骨あふれる、そしてリベラルにしてインターナショナルな感覚を身につけた商人であった。その中村屋、今日、柱であるパンに加えて、中国の月餅、中華饅頭、ボース由来のインドのカリー、エロシェンコに機縁を持つロシアのボルシチやピロシキ、加えて和菓子、洋菓子、レストランと、間口も実にインターナショナルに、日本を代表する食のエンターテイナーを演じている。

本郷の片隅を舞台に幕を開けたドキュメンタリーは、ひと粒の麦に始まる中村屋を大役者に育てていったのである。

アメリカ菓子の楽しさを追求、銀座不二家創業者

藤井林右衛門《ふじいりんえもん》

一八八五年〜一九六八年
アメリカに目を向け、お菓子の持つ楽しさを追求した不二家の創業者。

●ふたつとない家

不二家の創業者の岩田林右衛門という人は、明治一八（一八八五）年、愛知県の農家に生を受けている。六歳の時に藤井家の養子となり、明治三三（一九〇〇）年、一五歳の折に逆境を越えて、すべてがハイカラな横浜に出てきた。杉浦商店という銅鉄商に入店して苦節一〇年、少年から青年に成長した彼は、義兄の世話で横浜市

中区元町二丁目にささやかな西洋菓子店を開くことができた。時に明治四三年一一月一六日、後に日本中に甘き夢を届ける不二家の誕生である。藤井姓を日本一の富士山にひっかけ、文字を〝ふたつとない家〟とした不二家の屋号……。いわずもがな〝誰にも真似のできない、今までのどこにもない日本一の店に〟との願いのこもった命名だ。藤井林右衛門氏描くところの夢は、はじめから気宇壮大であったのだ。規模の大なるがすべてに優るとは限らぬは重々承知ながら、それにつけても質・格・社会に対する貢献度等、いずれにおいても大をなすべき人は、まずスタートの段階から違っている。

狭い店内だが、奥には喫茶室を設けてコーヒーや紅茶を供し、店頭ではシュークリームやデコレーションケーキを並べた。その頃の洋菓子店では、一部の進んだところは別にして大半がまだ焼いたもの、日持ちのするものが中心の品揃えであった。そんななかでの彼の店の洋生菓子は、お客様の目には大変新鮮に映ったようだ。さらに苦労人の彼は、一律三銭という、おごらず抑えた値段をつけた。そのために、それほど儲かりはしなかったようだが、着実に顧客を増やしていった。いくらか落ち着いた大正元年九月、乏しいなかを決意して渡米を思いたつ。各地を視察し、自らの手がけている洋菓子喫茶の道はまちがっていないとの確信と、その将来性に自信を深めて翌年夏に帰国した。その後の不二家の母体、いわゆるソーダ・ファウンテンの構想は、この時にしっかりと固まる。そしてこのあたりに、他のお菓子屋がなべてフランスへフランスへとなびくなか、敢然としてアメリカ指向を貫き、彼の地特有のお菓子の持つ楽しさ、ハピネスの追求を心がけていった同店の変わらぬ姿勢の原点が見出される。あまたあれど今日に至るも同店ほどアメリカのすばらしさを表現しているお菓子屋さんは見当たらない。

●ペコちゃん、ポコちゃん、そして近代化

ところで彼の帰省みやげは二台のレジスターで、一台は売却して費用の足しにしたというが、それはさておき、これをそなえた明朗会計に基づく近代的な店舗経営は一躍話題となり、お店もいよいよ繁盛する。ただし売りものの喫茶すなわち〝ソーダファウンテン〟を〝お茶場〟と呼んでいたのが、時代がかっておもしろい。

人柄がにじみ出る誠実な努力が実って、大正一一年に同じ横浜の伊勢佐木町に支店を設け、続いて翌一二年八月五日、待望の銀座進出が叶った。これにはかねてから懇意にしていた矢谷バターの店主、後の銀座アスター社長・矢谷彦七氏の尽力が

あったというが、持つべきは友であり、大切にすべきはそこから生まれる友情、信頼、信用である。

これ以降、同店は銀座不二家として広く知れるところとなり、さらに命名由来のごとく日本一の不二家へと飛躍していくことになる。その後の活躍は今さら拙筆加えるまでもあるまい。我が国の味覚文化への貢献では最右翼に位置する由、これまた一致して衆目の認めるところであろう。

ざっと振り返っても、この明治末期に始まり、大正に基盤を固め、震災、大戦にめげることなく立ち上がり、荒廃しすさんだ人々の心をペコちゃんのミルキーでなごませ、オバQのキャラクターで明るさを取り戻し、ファミリー・レストランでハッピータイムを、サーティーワンで選べる立食アイスクリームの楽しさを教えてくれた。加えてその後、提携したパリの銘店ダロワイヨーの美味で、お菓子の真髄をわれわれに示してもくれている。不二家、それはまぎれもない近代日本の甘き宣教師、そしてそのすべてが林右衛門氏名付けるところの〝不二家〟の屋号に帰結する……そんな気がしてならない。我が国の甘き世界に計り知れない貢献を果たした甘き血潮は、この後も絶えることなく受け継がれ、広く語り継がれていくことであろう。

なお、同社のキャラクターとして子供たちに圧倒的な人気を誇るペコちゃんだが、これが登場したのは昭和二五年で、モデルは外国雑誌の挿絵からヒントを得たという。そして名前は、東北地方で牛の呼び名とされているベコにヒントを得たものとか。相棒のポコちゃんは、缶を手で押した時に出るペコポコという響きの連想からで、二人そろえてペコちゃんポコちゃんで親しまれた。また、後に発売されたフランスキャラメルの箱に描かれた女の子の名前を、ペコちゃんポコちゃんの流れから、ピコちゃんと名付けてもいる。なお、ミルキーは昭和二七年の登場である。ついでながらこれについて追記させていただくと、米軍からもたらされた余剰の脱脂粉乳と統制解除されてほどない水飴との利用から考案されたものであった由。思えば誰にも愛されることになるママの味・ミルキーは、実は世の必然性から生み出された究極の名品であったともいえようか。

甘味文化の牽引車

有志連合の明治

森永製菓とともに、わが国の甘味文化発展に寄与したスイーツ・カンパニー。

●チョコレートはメ・イ・ジ

森永といえば明治と、今日だれしもがごく自然に口をついて出てくる二大製菓会社である。ここでその後者、明治製菓（現・株式会社明治）について、いささかその歩みを振り返ってみることにしよう。

日露戦争が終わった後の明治三九（一九〇六）年に、国内の需要に応じて明治製糖株式会社が設立された。このことよりいくらか遅れて、凮月堂の米津恒次郎他菓業界の有志と実業界の有志とで、東京菓子株式会社の構想が持ち上がった。実現に向けて話し合いを重ねたが、意見思惑一致せず、菓子業界の面々が次々と離れていった。残った実業派が中心となってこれをまとめ、大正五年に東京菓子株式会社が発足をみた。

一方、その動きに合わせて明治製糖は、別会社として大正製菓株式会社を興し、先の東京菓子と合流を策す。そして翌年めでたく合併を果たし、東京菓子の社名を生かした同社は、大正一三年、さらに明治製菓株式会社と改称し今日に至ったのである。ただその過程には、これからの食卓を担うべきパン製造の壮大な計画も浮かんだとか。そして討議を重ねた結果、一転して森永に対抗する一大製菓会社としてスタートを切ることになった。

キャラメル、ドロップ、キャンディー、カルミン等を次々と打ち出し、大正一五年には先行する森永を追走するように、ミルクチョコレートの発売にこぎつける。〝チョコレートはメ・イ・ジ〟はここに始まったわけである。ただし、前身の東京菓子としては、大正七年にすでにチョコレートの発売はしている。

●明治と森永製菓

いきなり挑戦状をつきつけられた格好の森永製菓側は、決して心穏やかではなかったと思うが、そこは天下の横綱、悪びれることなくまっ向から受けて立った。その後のこの二社は互いに敬意を払いつつ、良い意味で切磋琢磨し、共にみごとな成長を遂げていく。そして、ついには我が国を代表する二大製菓会社にのぼりつめていった。

なお、明治製菓について、今少し補足させていただく。現在同社はお菓子はもとより、医薬品という製菓会社としては少々特異な部門を持つなど、いろいろな形で社会に貢献する巨大な企業として知られている。

ある時筆者は、そんな同社の埼玉県坂戸市にある関東工場を見学させていただく機会に恵まれた。広大な敷地に建つ近代的な施設からは、主力商品の板チョコレートやスナック菓子が次々と産み出され、包装・梱包・集配あるいは貯蔵に至るまで、全く無駄のないシステムで運営されている。企業は人の英知の結晶にして、かつまぎれもない芸術でもある。

また、横浜市都築区川和町の一角に「ロンド」という系列会社がある。旧名を「明治パン」というが、こちらなどを見るにつけ、明治製糖を背景とした大正製菓と東京菓子との合併劇と、それに伴うこれからの国民の体躯を担うべき一大製パン会社を策したという夢の一端をうかがい知ることができる。

ところで現在、その二大製菓会社の発祥と発展のプロセスを、われわれはそれぞれの社風に感じることができる。すなわち個人商店から努力を重ねて成った森永製菓は、これだけの大を成した今日も変わらず、どこか温かみを感じさせるファミリアルな気風を持ち、他方、最初から会社組織として発足した生い立ちを持つ明治製菓（現・㈱明治）は、当初よりのオフィシャルにしてビジネスライクな近代性を、今もしっかり引き継ぎ充実させているように見受けられる。気風変われど、どちらもすばらしき甘き世界の代表選手である。多分に表層的とは思うが、読者諸氏諸嬢はいかに感じられようか。

アイデア商法、グリコ創業者

江崎利一《えざきりいち》

一八八二年～一九八〇年
おまけ商法発案のグリコの創業者。

●おまけと豆文で、爆発的な人気を博す

お菓子業界の大手企業を見渡すと、既述のごとく森永、明治、不二家とくれば、さらにその先には必然的にグリコ、ロッテ、ヤマザキ、ブルボンの北日本食品等々の各社の名が挙がってくる。それだけこれら大手企業の製品群は、われわれの食生活にすっかり溶け込んでいるということなのであろう。ではここで、それらのうちのグリコについてみてみよう。

同社は、森永太一郎と同郷の佐賀から上ってきた江崎利一という人が、大正一〇

（一九二一）年に弟の清六と協力し合って作った会社である。

先行する森永ミルクキャラメルやサクマ式ドロップスを追走せんと思案の末、滋養、栄養、体力増強を謳う時流を鑑みて、栄養素のひとつであるグリコーゲンから転用したグリコの名をつけたキャラメルを発売した。そしてその箱にはご存知のごとく、両手を挙げてゴールインするような健康的なランナーをデザインし、〝一粒三〇〇メートル〟のキャッチフレーズまでそえた。ことあるごとに若者が川に飛込むことで知られる、大阪道頓堀の橋のたもとの電飾看板でおなじみの広告にあるがごとくである。

さらには先発に立ち向かうには何かしらのプラスアルファーをと考え抜いた末、おまけと豆文をつけるといった奇想天外な創意と工夫がなされた。人の心をくすぐるこのおまけ商法がよかったようで、爆発的な人気を呼び、さしもの森永もたじたじの体であった。また子供のジャンケンに、「パー」は〝パイナツプル〟と階段を六段進み、「チョキ」は〝チヨコレイト〟と同じく六段、「グー」の〝グリコ〟は三段進む遊びがあるが、それほどに大流行し、一気に先行各社の仲間入りを果たしてしまった。

孫子の兵法に、「正をもって合し、奇をもって勝つ」という一文がある。戦いは先ずは正攻法で立ち向かわねばならない。ただし、そのままでは力対力で大は小をねじ伏せてしまう。そこに奇、すなわちアイデアを加えることにより、小が大を制するチャンスが生まれるというのだ。後発の江崎利一氏はまさしくこれを実践し、森永と明治の両雄の間に割って入って、みごとなデビューを果たした。

為せば成る、為さねば成らぬ何事も。やればできるの見本、お手本のような成功談である。

●ポッキーとプッチンプリン

なお、同社の成功例は枚挙にいとまがないが、今や国民的なお菓子といっても過言ではないようなものにポッキーがある。子供のおやつはもとより、バーやクラブにおいての、お酒を混ぜるマドラー代りにまで使われている。細長いクッキー生地にコーティングされているチョコレートは油性ゆえ、水溶液に触れても大丈夫。よってこれでオン・ザ・ロック等をかき回す。作った人はそこまでは考えなかったと思うが、これについては使う側によって生み出された奇想天外？　なアイデアといっていい。なお、同商品はヨーロッパの各地でも〝ミカド（MIKADO）〟の商品名で出回っており、今や世界的な商品として認知されるところとなっている。

また同社には、子会社のグリコ乳業（注：二〇一五年一〇月より、グリコはひとつの合言葉のもとに江崎グリコと合体）が生んだ永遠のベストセラーといってもいいプッチンプリンがある。プリン作りをされた方はご存知かと思うが、あれは固まった後に型を逆さにして、力強く上下に振って中身を取り出す。しかしながら慣れない人にとっては、これが結構むずかしい。型に生地が密着しているが故に、中身がなかなか落ちてこないのだ。中にちょっとでも空気が入ればいい。ならばと裏側に小さな突起をつけ、裏返しにした後その突起を文字通りプッチンと折って空気を入れれば……。こうしてできたのがかくいうプッチンプリン。できたものを見てものをいうのは簡単だが、そうしたことを思いつくのは大変なこと。まさしく天才的なアイデアといえようか。おいしいことはもとよりだが、加えてそうしたアイデアを集積した結果が、同社をして、今日の大をなさしめたのであろう。

今や国内はおろか、世界的な企業へと成長している。

バウムクーヘンを紹介、ユーハイム創業者
カール・ユーハイム

一八八六年〜一九四五年
日本に初めて本格的なドイツ菓子を紹介した製菓人。バウムクーヘン生みの親。

●捕虜生活を終えて

一九〇八年よりドイツの租借地・青島に来て、お菓子と喫茶の店「ユーハイム」を開業していたカール・ユーハイムは、大正三（一九一四）年、不幸にも第一次世界大戦に巻き込まれてしまった。当時、連合国側にあった日本軍の攻撃を受けて、エリーゼ夫人ともども捕虜となり、ほどなく夫人と幼い子供を残して単身大阪、広島と転送の運命にさらされる。夫人は悲嘆にくれるが、彼はそんな境遇にくじける

ことなく、収容所においても得意のバウムクーヘンを焼いたり、ケーキを作ってはまわりをなごませていたという。

五年の歳月の後、やっと釈放の日を迎えるが、世の中のインフレがひどく、釈放捕虜に対する救済策が各方面で真剣に考えられていた。そうしたことを憂慮し手をさしのべたのが、当時横浜に本店を構えていた食糧品店明治屋の三代目社長・磯野長蔵であった。その頃明治屋は、朝鮮の京城（現在の韓国・ソウル）にまで支店を持っていたが、東京支店の他に新しく洋風喫茶を開くべく計画を立て、その製菓部主任に三年契約でカール・ユーハイムを採用しようと申し出てくれたのだ。路頭に迷わんとしていた同氏にとっては渡りに舟、救いの神でもあった。

●バタークリームを使ったお菓子

さて、家族再会のなったユーハイム一家は、一時鎌倉に落ちつき、明治屋が開店する「カフェ・ユーロップ」との契約を結んだ。

同店は、大正八（一九一九）年に銀座尾張町、現在の和光の裏側に開かれたが、ここでの身を粉にするエリーゼ夫人の働きぶりと徹底したサービス精神はたちまち評判を呼び、ユーハイムの作るバウムクーヘンやケーキのファンも日毎に増えていった。その頃までは洋菓子といえば、主に砂糖を卵白で溶いたグラス・ロワイヤルや水で砂糖を溶いたアイシングと呼ばれるものでケーキを飾ったり覆ったりしていたものであったが、彼の作るお菓子は母国のドイツ流で、バタークリームをたっぷり使った、口当りのなめらかなものであった。

この頃を契機として、日本のお菓子も全体のレベルがどんどん上がっていくことになる。契約終了後の大正一〇（一九二一）年、夫妻は横浜山下町の売り店と巡り合って念願の独立を果たした。夫人の名の頭文字をつけた「E・ユーハイム」の誕生である。だが喜びも束の間で、その後の歩みは困難の連続であった。外国人が外国で商売することの難しさに加えて、突然の関東大震災に打ちのめされてしまう。ところが運命の女神はまだ二人を見捨ててはいなかった。全てが灰燼に帰し、再び無一文になった彼らが途方にくれ、あてもなく神戸にやってきた時、偶然かつて親しくしていた友人のロシア人舞踊家に巡り合ったのだ。

「もう一度がんばりなさい。お金なんて何とかなるものです」

その場で叱咤激励再起をうながされ、そのまま目の前の指さす建物で開業の運びとなった。三宮一丁目電停前の、レンガ造りの三階建ての洋館で、これこそが今日の神戸ユーハイムの発祥のお店である。

●戦争に翻弄される一家

ようやく腰を落ちつける場所を見つけたユーハイムを、今度は第二次世界大戦が襲う。第一次世界大戦、震災に続く再度の試練はナイーブな彼を苛《さいな》み、ついには入院加療のために帰国を余儀なくされた。しばらくして病も何とか収まりエリーゼ夫人が迎えに行ったが、明るかった性格は以前のように戻ることはなかった。そして終戦の前日眠るように……。

しかし彼の生んだ、そして彼の手になる甘い夢は、人々の心の中に生き続けていた。夫亡き後の夫人は帰国したが、かつてのスタッフが二人集まり三人寄っては火を灯し続け、お店の再興にとりかかる。一方、エリーゼ夫人は帰った母国で追いかけるように最愛の息子カール・フランツの戦死を知らされる。それもドイツ降伏の二日前、ウィーンのちょっとした小ぜり合いの銃火に倒れたというのだ。何たることと自らの非運を嘆き、失意のうちに暮らす彼女の消息は、日本の再生ユーハイムのスタッフたちの知れるところとなった。

何としても夫人を日本に迎えよう……。昭和二八（一九五三）年、皆の熱意が実り、夢が叶った。このエピソードは、明るいことの少なかった当時の新聞にも心温まる美しい出来事として大きく取り上げられている。このことあって同社の意気は限りなく高まり燃え上がり、一気に今日の繁栄につながっていった。

おおむねフランス菓子を良しとする我が国の嗜好のなかで、不二家がアメリカ志向を貫いていったごとく、こちらはまた毅然とドイツ菓子を押し通し、お菓子の価値観の幅を広げ、本場のものを紹介し続けたカール・ユーハイムの足跡は、日本の食文化史上に大きな輝きを残している。またカールとエリーゼのユーハイム夫妻のお菓子と平和を愛する情熱は、今なお同社のスタッフそれぞれの胸中に深く刻み込まれ引き継がれ、多くの人々に幸せを送り届けている。

近代フランス菓子のオーソリティー、銀座コロンバン創業者

門倉国輝《かどくらくにてる》

一八九三年～一九八一年
日本における本格的なフランス菓子の始祖。

●風月堂で小僧奉公から東洋軒へ

門倉国輝は、埼玉県熊谷市小川町から上京した士族・門倉幸一の次男として、明治二六（一八九三）年、東京下谷に生まれた。大酒飲みの夫に愛想をつかして生みの親は姿を隠し、思い余った父は生まれて間もない妹と国輝を上野不忍《しのばず》池のほとりに連れ出し、親子心中を図る。今まさに幼い命が消えんとしたその刹那、天の啓示か国輝坊や、無心にニッコリほほ笑んだ。それを見た父、ハッと我に返り、うその

ように殺意がそがれていったという。まさしく間一髪の命拾いであった。古今得てしてこういう人が名を残すことになるのである。人は常にある越えた存在によって生かされている……。その後世のため人のためになるべき彼の人生とその偉業とを、この時天はすでにご存知であったとしかいいようがない。

思いとどまった父・幸一は下谷から横浜に出て、知人の世話で住吉町に料理屋を開く。どうやらこのあたりから食べもの方面とのつながりができてきたようだ。国輝少年一二歳の時、そうした食べもの関係の縁もあってか、横浜常盤町、馬車道の凮月堂に小僧奉公に出されることになった。ここは当時破竹の勢いであった米津凮月堂当主・米津恒次郎の四子・武三郎が営む洋菓子専門店であった。凮月堂一門の製造部の総帥をしていた門林弥太郎いわく、「あまりにいたずらが過ぎるため、思い余ってよく着物の帯ひもで柱にしばりつけておいたもんだが、それでもすぐにどこかに行ってしまって……」。よほど活発な子だったようだ。しかしながら国輝少年はここで才覚を現わす。仕事のはねた後、夜間中学に通わせてもらう許しを得て学業を修め、果ては好んで外人町に出かけ、独学で英語と取り組んだ。横浜、洋菓子、外人、外国語……。新しもの好きの彼にはぴったりの環境だったともいえる。

明治四三（一九一〇）年、一応の仕事を修めて同店を辞し、当時フランス料理およびフランス菓子で名を上げてきた東京芝の三田にある東洋軒に移った。この後ひとき麴町の大蔵省印刷局内に、東洋軒にならって朝陽軒なる喫茶室を開いているが、三年程で再び東洋軒に戻る。この頃から俄然、彼の人生が華々しくなってくる。

●渡仏し、技術を身につける

二八歳になった国輝青年は、東洋軒の主人・伊藤耕之進に見込まれて、フランス菓子研究のために渡仏を敢行。日本郵船に乗り込んだ。それまでにもすでにけっこうな人が欧米に渡っているが、本格的に仕事につき手の内に修めてきたという点では、米津恒次郎、森永太一郎両氏と比肩すべき壮挙といえよう。彼は当時パリで一流といわれたカンボン通りの、今はもうなくなってしまった菓子店コロンバンに入店。純粋なフランス菓子を習得する。帰国独立後、コロンバンの名称使用の許しを得るほどに、彼は身を粉にして仕事に励んだ。そして一〇年後に再び渡仏し、今度はマジェスティック・ホテルで料理菓子、糖菓、アイスクリーム等を学び、ジェックス菓子店では妻ともどもチョコレートの何たるかを身につける。普通お菓子を習うといったら日本に帰ってすぐに通用しそうなものぐらいしか身につけないところであろうが、その頃にしてすでに、すぐには商売になりそうもない料理菓子や一粒チョコレートの技術、数々の糖菓類なども、しっかりものにしてきているところがさすがである。そしてそれらは時を経て同氏のお店にしかと生かされていく。

氏は後年、筆者によくこう言っていた。

「菊ちゃんたちはいいよ、分からなきゃ辞書があるんだから。僕の時は何だって耳学問なんだから大変だ。おおかたが想像で解釈し、自分用の字引きなんか作ったりしてたんだから苦労したよ。第一、あの頃パリにいる日本人といったら、僕と宮様（北白川宮成久王）と侯爵（前田利為）夫妻とお医者さん（?）……、それぐらいしかいなかったんだからねぇ」

さもありなん。こうした先人の御苦労があったがゆえに今日があるわけで、日本大使館か母国の航空会社のオフィスに飛び込めば何とかなるかも知れない、などと相手かまわぬ最後の切り札を持っているわれわれの世代なんぞは、多少のことで文句を言ったらバチが当たりそうだ。

●門倉流に驚く人々

大正一一年に最初の帰国をするが、その後の人生も激しいものであった。東洋軒に復職し、見聞を生かして銀座にリボン銀座なるフランス風の店を開店。震災によって東洋軒が壊滅したため、やむなく退店し、大正一三（一九二四）年、大森に薬物化学研究所・コロンバン商店を創業した。フランス菓子の製造販売にしてはたいそう大仰な名称のスタートである。そして昭和四（一九二九）年に晴れて銀座三角堂跡（現・ヨシノヤ靴店）に出店。さらにその二年後、その近くの六丁目角に、在仏中よりの知己、藤田嗣治画伯の天上壁画六枚（注：後に東京赤坂の迎賓館に寄贈）を飾った銀座コロンバンを開店し、三角堂跡の店を新たにテラス・コロンバンとして道路に椅子、テーブルをせり出した形に改装する。かように藤田嗣治の絵をもってきたり、パリ風にテラスを設けたりと、いつもひとり時代の最先端を行く同氏の面目躍如たるものが、その商いの節々に強烈に感じられる。やるからには、徹底しないと気が済まぬ性分ゆえであろう。あくまでも本場に忠実にして日本では奇想天外。人を驚かすことにおいては人後に落ちない天下一品の門倉流である。

またさらに、常々こんなことも言っていた。

「フランスから帰る時、電動ミキサーを買ってきたんだけど、日本じゃあ、まだ一台もなかったなあ。それから電気屋といっしょに、あっちで見てきた電機オーブンを設計して、それらしいものを完成させたんだけど往生したよ。何しろ誰も見たことがないもんだから、いくら口で説明しても分かってもらえないんだよ。そうそう、それから冷蔵ショーケースも僕が初めてアメリカから輸入したんだよ。それですぐにデパート、確か銀座の松坂屋だったかなあ、そこへ持っていったら相手がびっくりしちゃってねぇ、こりゃあすごいって……」

さらに商い以外でも大活躍をしている。昭和二（一九二七）年、神田駿河台において全国の業界関係者が集まり、代表者会議を開催した。協議の末、全国菓友会連合会が結成され、彼は会長に推されている。なかなかまとまりにくい業界だが、そこは人徳のなせるところか、氏は適任であったようだ。また昭和六（一九三一）年には、『喫茶とケーキ通』なる書物の出版もしている。昨今この種のものはあまた書店をにぎわせているが、こんな当時にしてすでに活字媒体に目をつけ、世に洋菓子の啓蒙を行っているのだ。業界関係者ならずとも、もっと評価していい事柄だとはいえまいか。

足跡を挙げると際限がないが、注目すべきところでは東京市本所区会議員に当選し、副議長を務めるまでに信任を得て深く行政にもたずさわっている。

さらに昭和二六（一九五一）年、日本で最初の名店街である東横のれん街に進んで出店し、その二年後の東京駅八重洲口の名店街創設にあっては、各店に呼びかけ、半信半疑で渋る店主たちを自ら説得、発足させた功労者でもあるのだ。この成功により、全国の百貨店に一躍名店街ブームがおこり、それらの食品部があっという間に様相を変えて、一種の流通革命を起こしてしまったのだから、考えてみれば大変な殊勲であったといえる。また後年、全日本洋菓子工業会という業界団体の理事長として四散していたこの分野をまとめ、ひいては個人的な交友をもとにその会を世界洋菓子連盟（現・世界パン・菓子連盟）に加盟させるなど、発展する商いとはまた別に、常に大所高所から製菓業界の発展に尽してきた。

●世界のスイーツ・グランパに

今でこそ我が国は世界の大国として相応の扱いを受けているが、当時としてはそれこそまだやっと立ち直りかけてきた敗戦国の貧乏国であり、正直な話、とても世界の仲間入りを即座に認めてもらえる状態ではなかった。それを貴重な外貨に替えた自費をもって渡欧幾度、ついに世界に日本の洋菓子を認めさせたのである。費用とて今のように探せば格安チケットが手に入るというわけでもなく、毎度の個人負担ではたまったものではなかったはずだ。筆者も在欧中何かとお手伝いをさせていただく機会を持ったが、それはそれは大変な努力、尽力、そして人脈であった。昔とった杵柄《きねづか》か、カタコトのフランス語を駆使して憶することなくコミュニケーションを求め、時にはハラハラするほど堂々とやり合う姿勢に、他国の代表たちは彼をグランペール（おじいちゃん）と称し、特別の敬愛をもって接していた。改めて申すまでもなく、世界洋菓子連盟への日本加盟は、氏の燃える情熱なくしては成し得なかったこの時期の快挙であった。平和の中にあり、経済大国となった今に生きる我ら、またそれを引き継ぐだろう人々も、気骨あふれるこうした先人の労苦足跡を常に頭に置きたいものである。昭和五六（一九八一）年に、八八歳をもってハワイの別荘にて天寿をまっとうした。最後まで一徹を通して洒落れた国際人であり続けた門倉国輝一代記は、これまた近代日本洋菓子史として置き換えることができよう。

晩年、自らを振り返り、宮内省大膳寮員を拝命して、大正天皇の御盛儀のお役に立つことができ、宮内庁御用達の栄誉にあずかり、さらに宮内庁皇宮警察桐栄会理事の任命を受けるなど、昭和天皇とも親しくさせていただいたことが何よりの思い出と語っていた。フランスの偉人アントナン・カレームもかくやの、文字通り人生のどん底からはい上がってきた、そしてこの業界人としての頂点を極めた偉大なる先達の足跡を、たかだか数ページに要約して御紹介するなど、土台無理にしてかつおこがましい限りではあるが、その一端ほんのわずかでもお伝えすることができたとしたら幸いである。

シュークリームで世を席巻、洋菓子のヒロタ創業者

廣田定一《ひろたさだいち》

一九〇一年〜一九八五年
シュークリームで大を成し、本場パリにまで出店を果たしたスイーツ界の風雲児。

●多事多難な人生

明治三四年、千葉県山武郡成東町に、廣田新太郎の三男として生まれる。父親は半農半漁の船主で、何不自由ない生活であったが、父が知人の借金の証文に裏判を押し、その知人が事業に失敗したことから生活が一変する。成績優秀であったにもかかわらず、小学校卒業を待たずに同町の菓子店に入店。和菓子製造の技術を修得

する。大正六年、横浜の菓子店に入るが、翌年、銀座の米津凮月堂に入店。ここで凮月堂全店製造部総帥の門林弥太郎と出会い彼に師事して、洋菓子の何たるかを身につける。めきめき腕を上げた廣田定一は大正九年、大阪凮月堂開店に伴い、製菓責任者として大阪に転任。その後、灘萬、大阪ベーカリーを経て、大正一三年に自宅を改造した工場をもって、念願の独立を果たす。

しかしながら資金もなくミキサーも買えない。それどころか作業台もなく、やむなく戸袋から雨戸を引き出して、卵の箱の上に置き、その上で菓子作りを始めた。そんなところへ、知人がクリスマスケーキ八〇〇個の注文をくれた。全て手で泡立てねばならず、しかも納期まで時間がない。急きょ従兄弟の新一郎に「アネキトク」のニセ電報を打った。新一郎は定一の世話で銀座の凮月堂で修業し、その時は上野凮月堂の責任者になっていた。ともかくもこうして納品を済ませ、その代金でミキサーを買うことができた。その後、下請けに出した先の商品が使いものにならず、やむなく取引関係を切ってヤクザに匕首《あいくち》を突きつけられたり、体調を崩して滝に打たれたりと曲折を経る。何とか立ち直るが、今度は母親が失明した後に他界するなど、多事多難を体験する。

商いのほうはそれでも何とか順調に動き出し、大丸・三越・高島屋・白木屋・松坂屋をはじめ、電鉄系の阪神・阪急・南海・大軌（現・近鉄）などへも納品が叶い、前途は洋々と伸びつつあるようにみえた。いつまでも卸でもあるまいと、高麗橋の三越前に自前の店を持つべく独立を計った。ところがいざ開店してみると当初のもくろみとはまったく異なり、客はまったく来ない。しかも店の前の道路は舗装されておらず、行き交う車のまき上げるほこりで、店内はまっ白になる。明らかに読み違いである。周囲からの冷たいまなざしに耐えながらも、いさぎよく失敗を認め、大家に訳を話して撤退を決意した。地の利、人の利、そして商売の難しさを思い知らされた独立劇であり、定一の小売店開店第一回の貴重な失敗である。

●ヒロタのシュークリーム誕生

昭和一〇年、戎橋筋に森永という菓子店があった。森永製菓とは無関係の森永という別人が開いている店で、定一はここにもお菓子を卸していたが、ある時相談に行った。

「森永さんもご承知のとおり、私は三越前に店を開いて失敗したが、その時買った窯がある。それを生かしたいんだが、どうだろう、おたくの店の入口を少し貸してはもらえないだろうか」

「ふむふむ、で、いったい何をしまんねん」

「ここでシュークリームでも作って、実演販売ってのはどうだろうと思ったもんで……」

「ほほう、そりゃ面白そうやな。かめへん。やってみなはれ」

そんなわけで、間口一間、奥行一間半の、猫の額ほどの面積を借りて、シュークリームの実演販売が始まった。シュークリームのヒロタの名が、世に知れるようになるのは、こんなところに始まりを持つ。

客の目の前で焼いたシュー皮にクリームを絞り込んで一個二銭。それを一〇個箱に入れて二〇銭。箱代はサービスした。

「おい、なんや、シュークリーム作ってんのんか」

「ふーん、あないして作りよるんか、おもろいもんやな」

珍しがって店の前にたちまち人だかりができた。

三越前の店では一日の売上げが七円程だったが、ここでは優に一〇〇円は売れた。しかも朝一〇時開店で夜一一時まで開いていたが、百貨店閉店以降のほうが売上げが多い。芝居や映画見物の帰りに、みな戒橋のヒロタでシュークリームをおみやげに買って帰るのだ。この時の経験は後々いろいろなことに生きてくる。たとえば昭和三二年、ナンバ地下センターができた時、地上に高島屋があって、その地下のうなぎの寝床のようなところで商売になるかと誰も出店しないなか、まっ先に出店を決めた。何となれば百貨店の閉まった後のほうが商売になることを知っていたからにほかならない。

その後の失敗談や成功談は枚挙にいとまがないが、ともあれ事業は曲折を経ながらも伸び、昭和四五年一月に東京中野に東京工場を竣工させ、同六月に新橋駅前に東京の基店が開店した。そうした出店とは逆に、百貨店へ出店した店は次々に撤収していった。百貨店に支払う分率が二割とすると、五店引っ込めれば、その差益で一店自前の店が持てるとの算段からだ。

●ヒロタのお菓子がパリーで買える

そんななか、またまたとんでもない事件に巻き込まれる。昭和四八年七月二〇日、パリより帰国の途中ハイジャックに遭遇し、ドイツ、シリアのダマスカス、リビア、ベンガジと連れ回され、ようやく解放されて七月二七日に帰国が叶った。その間、新聞やテレビに逐一報道され、帰国した時にはすっかりヒーロー扱いの有名人になってしまった。

そして、仕上げはその年の一〇月一日。念願のパリ店の開店である。

「今まではパリーのお菓子がヒロタで買える、であったが、これからはヒロタのお菓子がパリーで買える、になりました」

のごあいさつが、今も筆者の耳に残る。また、昭和四五（一九七〇）年、筆者の母方の祖父、門林弥太郎の葬儀の折、

「君が門林さんのお孫さんか。君のおじいさんには本当にお世話になった。そうか、あんたも菓子を作っているのか。まあ、たいへんだけど、がんばりなさい」

と励まされた、あの野太いような、それでいて少しかん高いような、人を包み込むような温かい声もしっかりと耳元に……。

チョコレートおよびコンフィズリーの紹介者、モロゾフおよびコスモポリタン製菓創業者父子
ヒョードル・モロゾフとヴァレンティン・モロゾフ

一八八〇年～？

Fedor Morozoff

日本に本格的なコンフィズリー（糖菓＝砂糖を中心に、色々なものと結びついたお菓子類。キャンディー、キャラメル、チョコレート、ボンボン、ヌガー、ゼリー等々）の世界を紹介したロシア人の製菓人。正式名はヒョードル・ドミートリエヴィチ・モロゾフ。

●一粒チョコレート菓子に目をつける

ヒョードル・モロゾフは、シンビルスク近郊のチェレンガという村の農民であったモロゾフ家に、一八八〇年に生を受けた。大正六（一九一七）年、彼は息子ヴァレンティンを含む一家で、ロシア革命で混乱する祖国を離れ、ハルピン、シアトルと流浪の旅をした後、一九二五年、神戸にたどり着いた。

日露関係は地理的に見ても、隣り合わせにありながら接する機会もさほど多くなく、北辺の漁民や役人が職務上まれに接する程度で、深いつき合いをする機会を互いになかなか持ち得ないまま時を過ごしてきた。よって大正後期のこの時期に、大勢の白系ロシア人が亡命者として日本に流れ込んできたことは、歴史上画期的なできごとであったといえる。モロゾフ一家が神戸に上陸した当時、市内だけで三〇〇人のロシア人が住んでいたといい、国内では数千人を数えた。

どこの国でもそうだろうが、亡命者たちにできる職業はさほどに選択の幅があるわけではない。当時の同国人はなぜか羅紗《らしゃ》を商う者が多かった。ヒョードルもそれにならい、見よう見まねで反物や既製品を背負って売り歩いた。ある時はドイツ人といつわり、カタコトの英語をあやつったりもした。当時は着物一辺倒の時代から洋装が少しずつ広がり始めた頃で、商いも順調に伸び、一家の財政もいくらか楽になっていった。しかしながらいつまでもこれを続けるつもりはなく、何か自分にふさわしい職業はないかと模索するうちにあることがひらめく。日本にはまだ美味なチョコレートがないことに気付き、それで身を立てることを決意したのだ。確かに板チョコレートや玉チョコと称するものはあったが、ナッツやクリームなどをセンターに使った、いわゆる一粒チョコレート菓子の類はまだ作られていない。ここに目をつけ、早速トアロードに店を借り、大正一五年、Confectionery F. Morozoffの文字をガラスのショーウインドウに描いた。日本初といえるコンフィズリー・ショップの誕生である。

●チョコレートが固まらない

作り手はあらかじめ目をつけ、ハルピンから雇い入れたピアンコフという職人と、同じくハルピンから連れてきたアレクサンドルと呼ばれていた中国人の職人で、そこに長男のヴァレンティンが見習いで加わった。

当時の神戸には、関東大震災で横浜から逃れてやってきたカール・ユーハイムやフロインドリーブといったドイツ人が洋菓子店を営んでいたが、彼らも郷里の母国になってケーキ類から各種のパン、チョコレート、キャンディー、クッキーの類まで、何でもこなしていた。フォードルもまた彼らにならってそれらのすべてをこなすところから始めた。しかしながら主力商品はあくまでもチョコレート。トアロードの店の裏にあった物置同然の小屋を改造したキッチンでは、シェフのピアンコフの指示でアレクサンドルが忙しくクリームを攪拌し、冷やし固め、チョコレートで包む。洗い場はもっぱらヴァレンティンの仕事であった。学校の成績もよかったヴァレンティンに父が言った。

「お前ももう一五歳だ。仕事を覚えるのは早いにこしたことはない。分かってくれるか」

一家の事情を知るヴァレンティンは、涙をこらえてその言葉に従った。

店頭には、必死の思いで作るそうしたチョコレートのほか、キャンディー、ゼリー、ケーキ類に加え各種のパンまでが並べられ、店には妻のダーリアが立つなど、一家をあげて商いにいそしんだ。ところがまた問題が起こる。

「旦那さん、来てください。困りました」

と、アレクサンドルが駆け込んでくる。チョコレートが固まらないのだ。

「ハルピンじゃこんなことはなかったんだが……。どんなに暑くても夕方には涼しくなるし」

日本の夏の暑さはチョコレートには全く不向きなのだ。

「ナポレオンはロシアの冬に負けたが、私たちは日本の夏に負けるのか。なんの、負けてたまるか」

何でも初めてやることには、リスクが伴う。こうした困難の度毎に、家族の絆が強まっていった。

●ウィスキー・ボンボン

ところである時、お客様からリキュール・ボンボンについて尋ねられた。リキュールというものがまだ馴染まれていなかったことから、

「まあ、ウィスキーみたいなものですよ」

と、ヒョードルは答えた。この機知に富んだ答えにより、以降、中にいかなる洋酒を入れたものでも、我が国では、それをウィスキー・ボンボンと呼ぶようになった。分からないことを、何とか分からせるべく努力する。よろず開拓者は大変である。

後、葛野友槌氏らと共同で神戸モロゾフ製菓株式会社を興し発展していくが、諸般の事情から同社を離れた父子は、昭和一一（一九三六）年、息子の名からとったヴァレンティン洋菓子店を興すことになる。ところがそれもほどなく始まった第二次大戦で灰塵に帰した。しかしながら不屈の父子は、再びコスモポリタン製菓として立ち上がる。ヒョードルとヴァレンティン父子の築いた本格的なコンフィズリーの世界は、その後の日本の甘味文化に大きな足跡を残すこととなった。

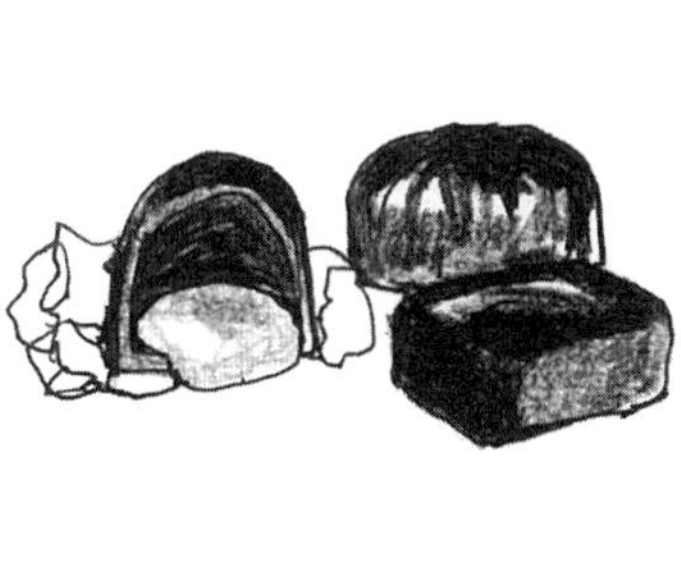

ドイツパンおよび菓子の紹介者、フロインドリーブ創業者

ハインリッヒ・フロインドリーブ

一八八四年〜一九五五年
Heinrich Freundlieb
本名ハインリッヒ・フロインドリーブ。
日本で活躍し、本格的なドイツおよびヨーロッパのパンやお菓子を紹介したドイツ人のパン職人。

●青島から神戸へ

フロインドリーブは、一八八四年にドイツのチューリンゲン州に生まれ、一五歳からパンの道に入る。一九〇二年から一〇年間、ドイツの海軍でパン製造の職務に

つく。退役後、一九一二年にドイツが占拠していた青島《チンタオ》でパン店を開業。同じくドイツから来たカール・ユーハイムも、一九〇八年より同地でお菓子と喫茶の店「ユーハイム」を開いている。

なお、当時の状況を改めてみてみよう。一八九四〜一八九五年の日清戦争後、三国干渉で中国寄りのスタンスを取ったドイツは、自国の艦隊の寄港地として同地を確保。ドイツの植民地のモデルとしてヨーロッパ風に街並みを整えたり、ドイツ風の青島ビールの製造を行うなどしていた。加えて、ドイツのパンや菓子といった食文化の移入も積極的に行っていた。ところがそんな状況下の一九一四年、フロインドリーブはユーハイムともども、不幸にも第一次世界大戦に巻き込まれてしまった。そして、連合国軍側として参戦していた日本軍の攻撃によって捕虜となり、名古屋に移送された。ちなみにこの時ユーハイムは、大阪、広島と転送されている。

一九一九年に解放後、同地の敷島製パンの初代技術長に就任する。ちなみに同社は、そもそも製粉所であった。第一次大戦の折のドイツ人捕虜収容所となったそこで、そのドイツ人たちの指導をきっかけにパン作りが始まり、大戦終結後にその製粉所が敷島製パンとして発足をみたのである。フロインドリーブはその際に、本職としてのその技量を見込まれたわけである。

●ホンモノの味

次いで一九二一年に同社を退社後、大阪の著名料亭の灘萬（現・なだ万）を経て、大正一三（一九二四）年、神戸市山手通りにパン屋「フロインドリーブ」を開店。三代目当主ヘラ・フロインドリーブ・上原氏いわく、「なぜ神戸の地を選んだか？おそらく初代は軍艦に乗っていたので海が好きだったのと、神戸は港町ゆえ外国人も多く、ドイツ人の自分としては商売がしやすかったのでは……」と述べている。

当時としてはめずらしい〝本場モノの味だ、ホンモノだ〟として繁盛し、勢いづいて専門のパン店の他、洋菓子店やレストラン等一〇店舗を展開するが、ほどなく起こる第二次大戦ですべてを焼失。終戦後の一九四八年にパンと洋菓子をもって店を再開。ドイツより帰国した息子のハインリヒ・フロインドリーブⅡ世が、有限会社ジャーマン・ベーカリーを設立。父子ともどもの努力により、ドイツパンとドイツ菓子をもって、我が国の食文化に大きな足跡を残した。

昭和五二（一九七七）年のＮＨＫの連続テレビ小説「風見鶏」は、同氏をモデルとしたストーリーとなっている。

●歴史的文化として愛される

ちなみに、明治四〇（一九〇七）年に、M・J・シェー邸として建設された北野町一丁目の邸宅は、コロニアルスタイルの西洋館で、後にかくいうハインリッヒ・フロインドリーブの所有となり、その子息のフロインドリーブⅡ世に引き継がれることになる。しかしながら同館は、平成七（一九九五）年の阪神・淡路大震災で全壊認定を受け、所有者から寄付された神戸市が同館を元の通り忠実に復元し、現在の地に再構築をした。今それは当時のままの姿をもってたたずみ、同地の名所となっており、来訪者が後をたたない。

お菓子作りは化学であるの実践者

松田兼一《まつだけんいち》

一九〇二年～一九八三年
〝お菓子作りは化学である〟を実証した製菓技術研究家。

●苦労続きの学者肌

自身華やかな表面に出ることが少なかったため、一般の方にはなじみのない名前と思うが、同氏の人生、略歴をあらためて振り返るに、一見波瀾万丈のようでいて、その実ドーンと貫くお菓子一徹の道に心打たれる。

先ずは地道に歩んだ前半、中盤。決して派手やかな存在ではなかった。大正一二年、大阪明治屋製菓部に入社。その後、何軒かのお菓子屋を経て、昭和九年より発展期で勢いづく不二家に入り、製品開発に従事。そのキャリアを見込まれて、昭和一三年より農林省農村工業指導所にて食品加工の研究、指導にあたる。思うに、不二家からこのあたりの間に、後々の深い見識と鋭い洞察力、そしてそれに伴う化学の目が養われていったように見受ける。もともとが学究肌であったのか、環境から自然とその道になじんでいったのかは定かではないが、それはさておきこうした前半から形成された感性、素養には、戦後の荒廃と生き抜くためのみの競争社会は、想像以上に過酷なものであったと思われる。事実、その生業において多くのことを手がけるが、お世辞にも商売上手とは言いがたく、度毎に失敗、やり直しをくり返していく。その割に当の御本人はいたってケロッとしていたというのが救いだが、いよいよ丸裸になっていったという御家族の御苦労心痛は察して余りあるものがある。

●マーブルチョコレートを開発

終戦直後は、雑踏きわめる上野に甘い物屋らしきものを開き、続いて有楽町の日劇の地下に移り、第一ホテルのバックアップを仰ぎながら、協同研究所なるものを設立してケーキ屋を始める。これもそれほどうまくいったとは言い難く、ほどなく撤退。昭和二八年に松田製菓を設立し、生菓子から一転してアーモンド・ドラジェ（注：アーモンドを、カラフルに糖衣したお菓子）の製造に着手する。今でこそファッショナブルな糖菓として広く知られ、特に結婚式の披露宴後などに列席された方々にお配りするものとしてはなくてはならぬものと認知されているが、その頃は、こんなシャレたお菓子など知る人とていない。これぞヨーロッパの銘菓と喧伝にあいつとめるが案の定さっぱりで、やむなくいつもご近所に配って歩いていたという。これではとても商売とはいえない。しかしながら、これごときでくじける氏ではない。今度はどうして名付けたかローズバットなる名の大振りのキスチョコや、生姜の砂糖漬け等次々と斬新なアイデアを披露していく。

そんな時、明治製菓がその発想と技術とキャリアを見込んで製品開発の依頼に訪れる。そこで彼が手がけたのがマーブルチョコレート。これが今にしては神話に近いほどの勢いで世を席巻していったことは、ある一定以上の年配の方々にはご記憶に強く残っておられることと思う。甘いものの戦後史のなかでも、ペコちゃんほほえむ不二家のミルキーと並ぶ指折りの大ホームランとなった。

氏の技術指導によって大輪の花を咲かせたものはこの他にも数知れず、たとえば今をときめく北海道のホワイトチョコレートもそのひとつである。帯広の千秋庵、後に改称してなった六花亭からの発売であったが、この後、同地に続々と同様のものが現われて北海道中を覆ってしまったところをみると、村おこしならぬ〝道《どう》おこし〟の満塁ホームランであった。初めはブラックチョコレートであったというが、雪国による白のひらめきと化学的な積み上げによりホワイトに変えて完成させたという。実をいうと、当時の日本の技術力ではまだホワイトチョコレートは手にあまる難しい仕事だったのだ。その後は推して知るべし、同氏を訪ねて教えを乞う人が陸続したことは申すまでもない。

●菓子作りはサイエンス

後年、日本洋菓子協会という組織にあって指導的立場から業界をながめ、歯に衣着せぬ明解な、それでいてウィットに富んだ言動で天下の御意見番に徹し、周囲もまた畏敬の念を払いつつ、こよなく慕っていった。

昭和四八（一九七三）年にフランスより帰国して店を開いたばかりの私のところへも、いつもふらっと訪れ、いろいろなお話をされて帰っていかれた。その際の諸々の話題にあっても、おそらくは一度もフランスへは行ったことがないはずにもかかわらず、帰りたての私よりはるかにフランス菓子に対する造詣が深く、なまいき盛りの私などは、度毎にその鼻をぺちゃんこにされていた。感性で成り立つように見えるフランス菓子を、しかと化学的に分析して解説されるのだ。只々恐れ入るしかない。加えて、日本洋菓子協会連合会のバックアップを得て、「自分で作る製菓副材料」「原材料の基礎知識」「基本生地とその応用」の三部からなる『製菓理論』を刊行し、自らの菓子作り人生の集大成とした。かくいう松田兼一氏こそが、わが国の長い洋菓子史にあって、勘と経験を頼りにそれを良しとしてきたこの道を、ケミカルにしてサイエンスの世界であると立証し、ひとつの学問として捉え高めていった数少ない貴重な先達であった。

現代洋菓子界中興の祖、トリアノン創業者

安西松夫《あんざいまつお》

一九一八年〜二〇〇六年

現代日本の洋菓子界をまとめ、業界全体を短期間に国際レベルにまで押し上げた菓業界中興の祖。

●難易いずれかの時は困難の道を選ぶ

昭和八（一九三三）年、神奈川県高座郡座間町立尋常高等小学校卒業と同時に、吉田菊太郎営む東京神田の近江屋洋菓子店に入店。ここでパンおよび洋菓子製造の道に入るとともに同店子息・吉田平次郎との親交が始まる。昭和一四年陸軍に入隊。以降終戦まで従事し、満州およびフィリピンに転戦。陸軍曹長で終戦を迎え、昭和二〇年帰還した。なお、転戦中幾多の激戦と敗走により、一個連隊二千名中、帰還

し得た者六〇名という九死に一生を得た体験から、処世において全力を投じて事に当たれば、不可能も可能にし得るとの信念と、問題に対処した際難易いずれかの方法をとるかの時、必ず困難な道を選ぶことを生涯の方針として実行してきた。

言うなれば、この時培われたものが、その後の彼の生き方を決定付けたといっていい。

帰還後しばし業界外に身を置いたが、昭和二五年、米津凮月堂職長門林弥太郎門下生の三羽烏ならぬ四羽烏のひとりといわれた田中邦彦との共同出資により、東京港区六本木に「クローバー洋菓子店」を設立開業し、専務取締役に就任。以後十年、同店を業界の一流店に発展させた。ちなみに四羽烏のあと三人は、稀代の名人と謳われた田中三之助、洋菓子のヒロタを興した廣田定一、コロンバンを興した門倉国輝といわれている。

●名著を次々と編纂

昭和三五年、クローバーを離れ、杉並区高円寺に「トリアノン洋菓子店」を立ち上げる。

なお当時の業界の動きを見るに、昭和二七年、戦後の復興期を迎え、業界も振興の気運高まり、現在の㈳日本洋菓子協会連合会の前身である日本洋菓子技術協会が結成された。安西松夫はこれに参画し、昭和二八年以降役員として、協会事業特に機関誌『ガトー』の編纂に尽力し、洋菓子技術の普及と改善向上に大きく貢献した。

昭和四九年、同連合会副会長に就任、海外業界特に日仏業界間の交流促進に努め、その功労によりフランス製菓連合会並びにフランス製菓技術団体であるサン・ミッシェル協会より金メダルを贈られ、フランス料理アカデミー会員に推挙される。

昭和五一年、同連合会会長に就任。協会事業をさらに積極的に拡大推進し、製菓技術書『ガトー』誌の内容充実、経営関係機関誌『洋菓子店経営』発行等により、業界の一層の伸展に多大な成果を上げた。後世に残すべき書籍等を顧みるに、池田文痴庵を中心として、消えゆかんとする我が国の洋菓子界の足跡をとどめるべく編纂した『日本洋菓子史』（昭和三五年刊）への協力をはじめ、会長就任後は、フランスより当代一流の製菓技術者と謳われた、パリの名店・フォションのシェフ、クロード・ボンテを招いて、全国にフランス菓子講習会を開催して回った後、その集大成たる『パティスリー・パリジェンヌ』を刊行。次いでスイスより来日したウォルフガング・ポール・ゴッツェを中心に『現代スイス菓子のすべて』（昭和五一年刊）、フランスの各書よりピックアップした飾り菓子のデザイン集『ピエス・モンテ』（昭和五二年刊）、そして極め付きはフランス菓子のバイブルとされる『トレテ・デ・パティスリー・モデルヌ Traité des pâtisseries moderne』の完訳である。一九二〇年に発刊されたエミール・ダレンヌとエミール・デュヴァルの共著による、当時の製菓業の最先端を行く大書である。直接パリに赴いてまでその再現を行い、これを『近代製菓概論』の名で刊行（昭和五五年刊）したが、末席を汚させて頂いた筆者も含めた、我が国の菓子業界挙げての大仕事であった。また、当代一の理論家として知られる松田兼一をうながして、『自分で作る製菓副材料』（昭和五七年）、『原材料の基礎知識』（昭和五九年）、『基本生地とその応用』（昭和六二年）の三部からなる大書『製菓理論』を刊行した。

なお、付記するに、それらの大事業のいずれにも、安西松夫の長男でパリの銘店ダロワイヨやスイス・チューリッヒのホノルド等の製菓修業から帰国した安西由紀雄が献身協力している。第二次大戦で遅れをとっていた日本の製菓業界を、短期間にて一気に国際水準にまで押し上げた安西松夫の功績は、まさに我が国菓業界の中興の祖と評されるにふさわしいものである。

製パン業界のガリバー、山崎製パン創業者
飯島藤十郎《いいじまとうじゅうろう》

一九一〇年〜一九八九年
我が国の製パン製菓業界のリーディング・カンパニー「山崎製パン」の創業者。

●一二坪から大企業へ

千葉県船橋市にあるマツマル製パンで修業した飯島藤十郎は、太平洋戦争後まもない昭和二三（一九四八）年、千葉県市川市に「山崎製パン所」を独立開業した。わずか一二坪からのスタートであった。

当時の製パン業は、まだ食糧管理制度下にあって厳しく統制されており、別の団体で製パン業に携わっていた飯島藤十郎には、飯島の名では認可は下りなかった。

やむなく義弟の「山崎」の名で許可を取り、それを社名としたため、創業者の姓たる飯島ではなく、「山崎」となった由。

なお、独立当初は配給される小麦粉をパンに加工して利益を得る委託加工で、まずはコッペパンから始まり、次いでロシアパンや菓子パンなども手がけていた。製菓の分野については、昭和二四（一九四九）年に和菓子の製造に踏み出している。また一九五五年には、当時としては珍しい、ナイロン包装のスライス食パンの商品化を行った。今日ではこの型式はすっかりスタンダードとなっているが、消費者に対してのこうした便利さの提供や提案が、なべての企業の成長の原点といえようか。同社は常に率先してそうしたことへの努力を怠らずに実践し、消費者の心をつかんでいった。この頃から事業のウェイトはますます製パン業に傾斜していくが、一方では昭和四五（一九七〇）年に、アメリカのナビスコ社およびニチメン（現・双日）と合弁で、製菓会社「ヤマザキ・ナビスコ」を設立する。また昭和五二（一九七七）年には、コンビニエンスストア「サンエブリー」を設立し、パン以外の商品も積極的に扱う多角的経営に歩を進める。ちなみに同コンビニエンスストアは、後年「ヤマザキデイリーストア」と統合し、現在は「デイリーヤマザキ」となっている。

●パン業界のガリバー

さらには後年、パリの高級住宅街として知られる一六区、名門菓子店コクラン・エネのあった場所に、「パティスリー・ヤマザキ」の名で菓子店を出店。お菓子の本場フランスでの日本の洋菓子の展開は、内外の大きな注目を浴びた。筆者がかつて行っていた「吉田菊次郎のお菓子で巡る世界の旅」でも同店を訪れたが、そこには堂々と同社のスペシャリテのまるごとバナナや、日本の洋菓子の右代表たるショートケーキが並んでいた。

「あっ、日本のお菓子だーッ」

と、ツアーのみなさんの喜ぶまいことか。引率した筆者も、たいそう誇らし気に思ったものだ。後で知ったことだが、同店の切り込み隊長役を果たされたのは、私の小中高を通しての親友・山川精《すぐる》君であった。彼は、学生時代より勤勉誠実を絵に描いたような男で、対する私は今様の言葉でいうならまったくその真逆。だからこそかもしれないが、妙に気が合ってもいた。彼の地でのそんなクラスメートの活躍に胸がたまらなく熱くなった。その彼の手腕により、パティスリー・ヤマザキは今ではすっかり同地に溶け込み、地元の常連客からもこよなく愛される存在となっている。

また平成一九（二〇〇七）年には、製菓業界の名門不二家と深い縁を持つなど、パン業界のガリバーと称されるまでになった製パン業に加えて、和洋を含めたお菓子の分野でも、大きなシェアを占めるまでに成長していく。街の一角の製パン委託加工から始まった、飯島藤十郎のまいた一粒の種は、今や日本中を席巻するまでの大企業に変貌を遂げたのである。まさしくジャパニーズ・ドリームといえようか。

なお追記するに、社章でもあるシンボルマークの太陽は、〝万物の源たる明るい太陽のように、食卓の光となるべく願いを込め、また自然への感謝と仕事への誇りの気持ちを込め、伸びゆく企業を象徴するもの〟という創業者の理念の具現化からきたものとの由。また同社は「おいしさと品質で毎日を応援します」を、自らの企業スローガンとしている。

ハリスガム生みの親

森秋廣《もりあきひろ》

一九〇八年～？

終戦後の日本人の口寂しさを癒してくれた、東のロッテと並ぶ西のハリスガムの開発者。

●名犬リンチンチンとハリスガム

戦後の復興の担い手として、街のケーキ屋さんもひと役を買っていたが、流通菓子の分野もまた大きな力となって社会を支えた。

たとえば先年、渡辺一雄氏により『熱血商人』（徳間文庫）としても取り上げられたハリスガムなどもそんなひとつであったといえよう。

その生みの親が、ここに取り上げさせていただく森秋廣である。彼は、明治四〇

（一九〇八）年に、香川県三豊郡荘内村で生まれた。そして後年、渡った満州から引き揚げるなど、さまざまな曲折を経た後の昭和二三年、森秋廣は、間借りしていたカネボウ（当時は鐘淵紡績）の本社で、乏しい材料を工夫して代用チョコレートを開発した。幕末に来日してアメリカ総領事になったタウンゼント・ハリスにちなみ、彼はこれをハリスと名付けて売り出した。甘いものに飢えていた人々の間に、それはたちまち広まっていった。稀代のアイデアマンの彼は、今度は酢酸ビニールを用いてチューインガムを作り出す。昭和二六年初秋のことであった。これもまた前にも増して爆発的な人気を博し、「チューインガムのハリス」の名が一気に世に浸透していった。

また、テレビ創草期といえる頃のこと、ある年代以上の方々であったら憶えておられようが、「名犬リンチンチン」という人気番組があった。頭のよいシェパードが飼い主の少年を助けて大活躍をするという映画で、当時の子供たちは画面にくぎ付けになっていたものだ。そのスポンサーとなり、コマーシャルを流していたのが、かくいう森秋廣の興したハリスガムであった。昭和四一（一九六六）年、同氏は会社を縁の深いカネボウに譲渡し、カネボウハリスの商標となった。そして同社はその後発展し、カネボウ食品となり、カネボウフーズを経て、今日のクラシエフーズにつながっていく。

●ひらめきとその具現化は多方面に

チューインガムといえば、もう一方の雄はロッテだが、こちらも昭和二三（一九四八）年に創業している。詳細については同項をご参照願いたい。さて、ガムの販売会社としては大正五（一九一六）年にリグレーが創立され、モボやモガにもてはやされたが、ハリスは同時期のロッテとともにその下地を受け継ぎ、西のハリス、東のロッテとして成長し、一気にチューインガム市場を確立していった。

なお、この森秋廣は、述べたごとくに代用チョコレートやチューインガムを作ったが、彼はそうしたもののみならず虫下し薬や女性用の医療品等々、その時々に必要とされるものに次々とタイムリーに手を染めていく。そのひらめきとアイデアの具現化においては、比類を見ぬほどに傑出したものを持っていた。彼のような人をして、他人《ひと》は天才というが、その才能にも増して、その実、誰にも優る真の努力家でもあった。

ガムから始まった製菓業界の風雲児、ロッテ創業者

重光武雄《しげみつたけお》

一九二二年生まれ。

ガムから始まり、オールラウンドの一大製菓会社に。そして、日韓にわたるグローバルな多角的経営の大企業に成長させたロッテの創業者。

●お口の恋人ロッテ

第二次大戦終戦の年の昭和二〇（一九四五）年、〝ともあれ起業を〟と考えた辛格浩（日本名：重光武雄）は、東京荻窪で「ひかり特殊化学研究所」を設立して、石けんやポマードの製造販売に着手した。

昭和二二（一九四七）年、ジープに乗った進駐軍の米兵に群がり、〝ギブ・ミー・チョコレート、ギブ・ミー・チューインガム〟とせがむ子供たちを見てか、その需要を強く感じ取り、チューインガムの製造に着手する。

その思惑はみごとなまでに的中し、昭和二三（一九四八）年、株式会社ロッテを設立して本格的に取り組む。

なお、原料の調達にあっては、当時輸入規制の対象であった天然チクルの解禁を日本国政府に働きかけて奏功。チクル使用のチューインガムの製造販売を始めた。といっても満足に営業スタッフがいるわけでもなく、販売ルートもない。よって当初は重光自らがリヤカーに作ったチューインガムを積んで移動販売をしていたという。続いて開発したスペアミントガムやグリーンガムが人々の口と心を捉えて大ヒットとなり、企業としての足元が固まっていく。なお、このふたつの商品は今日までも続くロングセラー、ベストセラーとなっている。

その後の足取りを追ってみよう。昭和三四（一九五九）年、ＴＢＳで「ロッテ歌のアルバム」の放送が開始。〝一週間のごぶさたでした。玉置宏でございます。お口の恋人、ロッテ提供、ロッテ歌のアルバム……〟のフレーズで始まる同番組で、ロッテの名は一気に広く知られるところとなる。昭和三九（一九六四）年、ガーナチョコレートの名でチョコレートの製造販売を開始し、チューインガムに続く大きな柱として育っていく。昭和四一（一九六六）年、母国韓国でロッテ製菓を設立。今日では同国を代表する多角的経営の大企業に成長している。また同年、プロ野球チームの冠スポンサーとなり、東京オリオンズをロッテオリオンズと改名。多くのファンを引きつける。

●サービス業から健康雑貨まで

さらに一九七〇年、東京錦糸町駅前にロッテ会館なる複合商業施設を建設するなど、サービス業にもビジネスの幅を広げていく。

主力のお菓子については、チューインガム、ガーナチョコレートに続いて、コアラのマーチ、パイの実、ビックリマン等々のチョコレート類、のど飴、小梅といったキャンディー類、チョコパイなどのスナック菓子、雪見だいふく、モナ王、レディーボーデンなどのアイスクリーム、その他飲み友、コラーゲン一〇〇〇などの健康食品等々、幅広いジャンルをカバーするまでになっている。加えて、健康食品の延長線上にホカロンといった健康雑貨なども手がけている。荒廃した戦後の焦土に重光武雄のまいた種が、今や日本を、否、隣国をも代表するグローバルな企業のひとつに育っている。

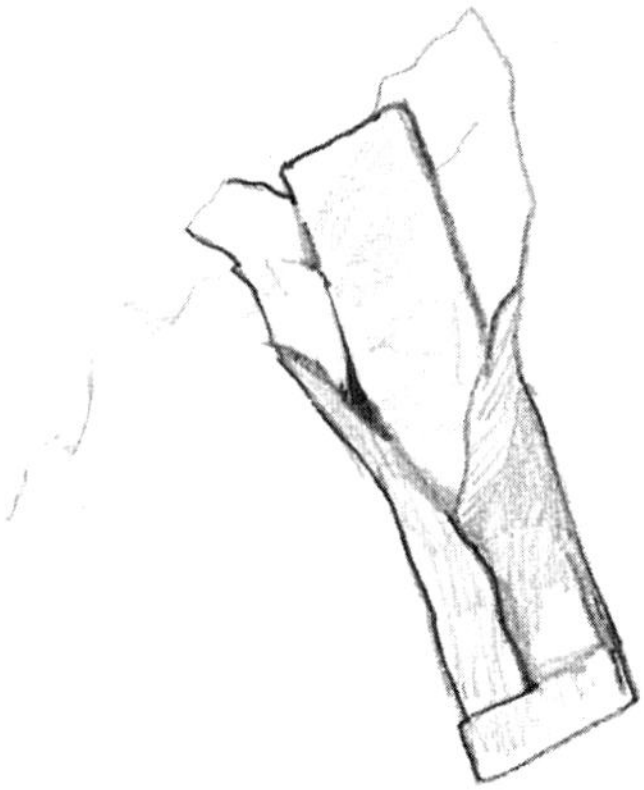

お菓子の日仏親善大使、フランス製菓組合会長

ジャン・ミエ

Jean Millet
一九二八年〜
フランスの製菓人にして、現代フランス製菓業界の立て役者。大の親日家で、日本の製菓技術のレベルアップに多大なる貢献を果たす。

●ヌーヴェル・パティスリーを率先

ジャン・ミエは、多くの製菓人や料理人同様、学業卒業後、製菓業界に見習いから入り、フランスから飛び出してカナダに渡った。昨今は海外に活躍の場を求めるフランス人も少なくなくなったが、元来、彼らはあまり外の世界に出たがらないと

ころがある。したがって当時としては、まま希有な例であったといえようか。

カナダで腕を振いつつ蓄財にも励み、帰国後、パリ七区の聖ドミニク通り（rue Saint Dominique）に「ミエ（millet）」を開業。この時の資金不足に手を貸し融通したのが、パリ二〇区に「ベッケル（Becker）」の名の店を開く親友のジャン・ベッケル（Jean Becker）であった（注：筆者のかつての修業先）。

飽食の時代といわれる現代にあって、伝統を踏まえたうえでの〝より軽く口当たりよく、胃に負担をかけない〟という、いわば新しい流れに沿ったヌーヴェル・パティスリーを、ジャン・ミエは率先して実行。エルグァルシュやペルティエといった、当時の若手の旗手たちの理解者にして強力な後見人をも務めた。

また、当時、パティスリー（生菓子や焼き菓子類）に関しては、世界一を自負してはばからないフランスであったが、ことチョコレートに関してはスイスやベルギーの後塵を拝していた。プライドの高い彼らにとっては、これは慚愧に堪えないことであった。この辺りを見据えたジャン・ミエは心血注いでチョコレートの技術向上に努め、かつ、いち早く機械化を進めて、ボンボン・オ・ショコラ（一粒チョコレート菓子）のライン化を行った。そして、フォション等の有名店で商品展開を行い、また一時は、日本にまで輸出を行った。

●菓子業界団体の改革

加えて一九七七年、五〇歳に満たない若さでフランス全土の製菓組合の会長に推され、就任。かつては、この業界も官僚的色彩が強く、歴代高齢の政府関係者がその地位についていたのだが、就任後の同氏の活躍は目を見張るばかりで、全国に点在するさまざまな組織を統合していった。

また、自らが会長を務める「モット・ドール(Motte d' or)(注:純良材料のみを使って作る、菓子屋の店主の会)」を、「レ・メートル・パティシエ・ド・フランス(Les maîtres pâtissiers de France)」と改称した後、これもフランス製菓組合「La confédération National de la Pâtisserie-Confiserie-Glaceries-chocolaterie de France」に統合して、完全にひとつにまとめあげた。なお、「モット・ドール」においては、〝失われてしまった古き良きお菓子を復活しよう〟との提案を行い、一八〇〇年代前半のタルト・シブースト(tarte chiboust)を、再び世に送り出した。

ちなみに、それにたずさわる機会を持たせて頂いたのが、同会の副会長をしていた「ジャン・ベッケル」の店で、パティスリーのシェフをしていた筆者であった。

●来日数十度の技術講習会および技術指導

続いて一九八四年には、念願であったフランス国立製菓学校を、リヨンの先のイッサンジョーの地に、政府より譲り受けた古城を改築して開校。最初の海外研修生として、昭和五九（一九八四）年七月二二日、筆者が引率した日本人グループが同校を訪れ、技術研修を行った。

なお、前述のごとく、同氏は大の親日家にして多くの日本人技術者を自店に受け入れ、かつ来日すること数十度に及び、度毎に技術講習会および技術指導を行い、日本の洋菓子技術の向上に大きく寄与する一方、日仏の文化交流と親善に、深く貢献を果たしていった。

日本の洋菓子の流れを変えた男、A・ルコント創業者

アンドレ・ルコント

一九三二年～一九九九年
André Lecomte
飾らない本場のフランス菓子を、そのまま日本に伝えたフランス人パティシエ。

●フランスの「スタージュ」について

アンドレ・ルコントは、フランスのロワールに生まれ、一三歳でお菓子の世界に入ったという。フランスの社会ではこうした道へは、通常一四歳から入るが、彼の場合、うちの都合か何かで、それより少し早めにお手伝いとして足を踏み入れたよ

うだ。

　ではここで、フランスの職業訓練システムについてみてみよう。フランスの学校教育は一六歳までが義務教育となっている。しかしそれ以前の段階で、日本とはいささかの違いが見られる。すなわち、日本のように画一的に一定年齢に達したら一勢に社会に出るということではなく、スライドした形で社会に入っていくシステムをとっているのだ。義務教育は確かに一六歳までなのだが、実は一四歳からすでに「スタージュ（Stage）」と呼ばれる、いわゆる各企業内における〝研修〟のようなものに参加することができる。ただし、これは、〝研修〟とはいうものの、あとから出てくる実質的な〝見習い〟と区別するために、無理に筆者があてはめてみた訳語で、実際にはすでにこの年齢から仕事に入り、大人に混じって実地に作業に従事しているので、あえていうなら〝見習いの見習い〟であろう。次に、一五歳から一六歳までに「プレ・アプランティサージュ（Pré-apprentissage）」と呼ばれる、「前・見習い実習」というものがある。この「プレ・アプランティサージュ」になると、半日は学校に通い、半日は作業場という生活になる。こうして一六歳になると、完全に義務教育を修了し、やっと正式の「アプランティサージュ

（Apprentissage）＝見習い生」として、各雇用者のところへ勤める。「アプランティサージュ」の契約期間は、二年である。この間、労働に従事しながら、週一八時間を職業訓練学校に通って講義を受ける。すなわち、菓子屋に勤めたら、菓子の職業訓練学校に通い菓子に関する教育を受け、さらに、これらの講義にそって技術実習が週三回行われる。このようにして、フランスの青少年たちは一六歳から一八歳までの間に、一応社会に出て一人立ちできるように技術指導を含めた教育を受け、養成されるのである。

●日本のお菓子の流れを変えたパティスリー・フランセーズ

さて、ルコントは一四歳の時、モンタルジーでトップ・パティシエといわれたマルセル・ルナンのもとに見習いに入った。そして一六歳で正式なパティシエとなる。次いで兵役後、パリの四つ星レストランの「ジョルジュ・サンク」に入り、二〇代の前半で「スーシェフ（副工場長）」となり、ハイクラスの常連客から声が掛かって、世界各地へと出向く機会が与えられる。

東京オリンピックを翌年に控えた昭和三八（一九六三）年に来日。彼は、ホテルオークラの製菓長に就任する。五年勤めて高い評価を受けた後、昭和四三（一九六八）年、東京六本木に「Aルコント」を開業。

小さなショーケースには、まぎれもないパティスリー・フランセーズ、それもまったく日本的な手が加えられていないホンモノが並べられた。フランス人が自分の国にあるものを、ごく当たり前に作っただけにもかかわらず、その印象は、ショートケーキやプリンに見慣れた目には強烈に、そして何より新鮮に映った。このささやかな店の投じた一石により、明らかに我が国の洋菓子の流れが変わった。

●レジオン・ドヌールを叙勲

また、その頑ななまでの、本場と変わらぬ味へのこだわりは、在日の各国大使館等にも支持され、「トレトゥール」と呼ばれる出張料理、いわゆるケータリングも、折々に応じて行われていった。フランスにおいては、菓子屋の仕事の範疇として捉えられている分野である。昨今では、こうしたことを行うところもいくつか出てきたが、当時の日本においては、大変めずらしいシステムであった。

後年、彼は、そうしたもろもろの功績により、フランス本国からレジオン・ドヌールを叙勲されている。それほどに彼の日本に与えた甘味文化、美食文化の影響は大きなものであった。

本格的フランスパンとフランス菓子普及の功労者、ドンク創業者

藤井幸男《ふじいゆきお》

一九二一年～二〇〇八年
日本における本格的なフランスパンとフランス菓子文化を広げた最大功労者のひとり。

●神戸・三宮にドンク本店を開設

藤井幸男の興した「ドンク」の社史に従えば、「明治三八年八月八日、初代藤井元治郎が、長崎からパン職人を招いて、神戸市兵庫区柳原に藤井パンを創業。大正一二年、兵庫区湊川トンネル西口角に二号店を開設。時代の先端をいくショーケースには、カットケーキやドーナツなどが並び、モダンな店内ではギフト商品も扱っ

た」とある。

昭和二二年、三代目として同店を継承した藤井幸男は、店を三宮柳原に移転し、翌年、帝国ホテルの製菓長であった井上松蔵を招き、同店の初代製菓長とする。

次いで昭和二六年、株式会社に改組し、社名を「ドンク」と定め、三宮センター街トアロードの角に、現三宮本店を開設した。

なお、「ドンク」という社名の由来については、「ドン・キホーテ」にしてはどうかという氏の義兄の発案が元になったという。やせ馬にまたがりながら大きな夢を抱くというイメージの由。そして、これより呼びやすく……というところから、ドンクになったとか。

●ドンクのバゲットが大ブームに

昭和二九（一九五四）年、フランス国立製粉学校のレイモン・カルヴェル教授が初来日し、製パン技術講習会が開催された。この時、日本に初めて本格的なバゲット、クロワッサン、ブリオッシュなどが紹介された。同氏の薫陶を受けた藤井幸男の活躍と飛躍は、ここを基点として始まる。昭和四〇年、東京国際見本市において、ドンクがフランスパン製造を担当するが、その時の実演者としてフィリップ・ビゴが来日。見本市終了後に、藤井はフランス製の製パン機器を引き取り、それをもって専門工場を建設。またビゴ氏も同時にドンクに入社し、技術指導に当たる。

昭和四一年、東京青山にドンク東京店を開店。これを機に一気にフランスパンのブームが起きる。開店と同時にお客が殺到。百貨店にテナントとして開いた店舗でも、開店直後の一〇分足らずで売切れとなり、トリコロール（三色）のラインを基調としたパリの地図入りの細長い紙袋を抱えて歩くことが、ひとつのファッションとなるほどのブレイクぶりであった。さらにこれに拍車をかけたのが、昭和四五年の大阪万博である。国際バザールのコーナーで、フランスの製パンオーブンを設置した「イル・ド・フランス」という名の店を開いたが、店頭販売のほかに会場内の各レストランへの商品の納入等も重なり、作っても作っても間に合わない状態が続く。これをもってバゲットは、完全に日本において市民権を得たといえよう。

●ドンク流のフランス菓子

なお、東京青山の店に並べられた一連のパティスリーも、製菓業界に鮮烈な衝撃を与えた。それらは、本場のそれをさらに日本的な美的感覚で磨き上げた〝ドンク流のフランス菓子〟であった。これは、長い眠りについていた日本の洋菓子業界を一気に目覚めさせるに充分すぎるほどのインパクトを与え、結果、日本のスイーツ界に鮮烈な新風が吹き込まれた。製菓修業中であった筆者も、もちろんその青山店に行っては美しく並べられたパティスリー・フランセーズにため息をつきつつ、はるけきパリに想いを馳せていたものである。それ以前は、パリ帰りで注目を集めた高田壮一郎氏率いる「東京カド」や長谷部新三氏の店「ランペルマイエ」で、パティシエたちは夢をふくらませ、次いで、このドンクの登場で、いよいよフランスへの意識が高められていったのである。

これを機に、筆者を含む多くのパティシエたちが、抱いていた夢を叶えるべく、フランスを始め、スイス、ドイツ、オーストリア等に次々と飛び立っていった。

●優れた弟子を続々と輩出

話を藤井氏に戻すと、彼は先のフィリップ・ビゴをはじめ、ピエール・プリジャン、セルジュ・フリボーといったフランス人のブランジェ（製パン職人）やパティシエ（製菓人）を招聘し、本場の製パン・製菓技術の紹介に努めた。

また、彼は「日仏商事」なる別会社を興して、フランスをはじめとするヨーロッパの食材から製菓・製パン機器に至るまでの輸入にたずさわるなど、ソフトウェア、ハードウェアを通じて、日本の美食文化の向上に尽力。その流れは多岐にわたって波及し、受け継がれていった。芦屋にパン店を構えたフィリップ・ビゴ、北青山（後に、赤坂乃木坂に移店）にレストランを開業したピエール・プリジャン、「ルノートル・ジャポン」を背負って大活躍したセルジュ・フリボー、藤井幸男の興した日仏商事をそのまま引き継ぎ、みごとに発展させた筒井ベルナール……彼らも藤井の影響を受け、その名を日本の製菓業界にとどろかせた人々である。

その他、そうした流れに啓発されてか、ドイツやスイス、ベルギー等からも、次々とすばらしいパティシエたちが来日し、お菓子を含む我が国の食文化の向上に計り知れない貢献を果たしていった。すべてとはいわないまでも、そうした源流にかくいう藤井幸男がいることは、疑うべくもない事実といっていい。

晩年、藤井は筆者に、こんなことを言っていた。

「いやぁ、吉田さん。うちから出た人たちが同じマーケットでがんばって、どんどん発展していくもんだから大変ですよ。何だか真綿で首を絞められているようで……」

などと、困った風を見せながらも、お弟子さんたちの活躍に目を細めておられた。

フランス美食術のオールラウンドプレイヤー、シェ・リュイ創業者

平井政次《ひらいまさつぐ》

一九三九年〜

パティスリー、ブランジュリー、レストラン、カフェといったフランス美食術のエンターテイナーにして、同国の美食文化のオールラウンドプレイヤー。

●本場フランスのお菓子の世界

日本では、お菓子屋というと、概ねパティスリーと呼ばれる生菓子や焼き菓子を商う店と解されている。

ところが、たとえばフランスなどを見ると、さすがに〝お菓子の本場〟といわれるだけあって、いささかそのあたりの懐の深さが異なる。パティスリー（pâtisserie）の分野もさることながら、チョコレート類も含めたコンフィズリー（confiserie＝糖菓）のジャンル、アイスクリームやシャーベットに代表されるグラス（glace＝氷菓）というくくり、さらには、クロワッサンやパン・オ・ショコラ等、パン屋の範疇と重なるヴィエノワズリー（viennoiserie）、加えて仕出し料理、いわゆるケータリングのトゥレトゥール（traiteur）というシステム、さらには、自家製のお菓子や軽食を提供するサロン・ド・テ（salon de thé）と呼ばれる喫茶の部門がお菓子屋のカバーする仕事とされている。

かくも広い守備範囲を持つ職種なのだが、日本ではどうだろう。冒頭で申したごとくたいがいが独立した分野として捉えられ、パティスリーに軸足を置きながら手を伸ばしたとしても、あとはせいぜい若干のコンフィズリーを手がけるなり喫茶室併設ぐらいのところまでで、それでなくても効率を求められる状況下にあっては、とても他分野にまでは手が回らない。それどころか、ハナから別の業種と心得ているところがある。

●但馬に生まれた食文化の申し子

ところが、日本では到底無理と思えるそうしたすべてを、もののみごとにやってのけ、自らが仰ぐフランスの美食術を完結させてしまった男がいる。しかも本家のそれをさらに掘り下げ特化させて……。その人が、ここに取り上げさせていただく平井政次である。

昭和一四（一九三九）年、平井は、本人いわく〝草深き辺境の地〟たる兵庫県は但馬の地に生を受けた……。さりながら、この但馬とは、辺境の地どころか実はその昔、お菓子の神様がおわしましたところなのだ。

時は紀元六一年、西欧においては、まさにローマ帝国最盛期の頃のこと。現在の兵庫県にあたるその但馬の地に、朝鮮半島の一国である新羅《しらぎ》の王子、天日槍《あめのひほこ》の子孫が住んでいた。彼は但馬という地名を氏とし、田道間守《たじまもり》と名のっていた。田道守は第一一代垂仁天皇の命を受けて、常世国《とこよのくに》すなわち今の朝鮮半島に、不老不死の仙薬とされる非時香果《ときじくのかぐのこのみ》を求めて旅に出た。苦節一〇年の末、ようようにして使命を果たし帰国した時には、天皇はすでに亡く、陵前に伏して慟哭した彼は、ついに食を絶って自らの命を捧げたという。

ところで、この時に持ち帰られた非時香果《ときじくのかぐのこのみ》と呼ばれるものは、今でいう橘《たちばな》のことで、時にあらずのごとく夏に実をつけ、そのまま秋や冬に至っても木になり続け、一度橙色になるが、春過ぎてからまた緑に戻ってしまう。よって、この果実は、橙《だいだい》とされる一方、〝回青橙《かいせいとう》〟の名でも呼ばれている。また、二年目や三年目の実と一緒に成るところから、〝代々〟の語になぞらえて、正月の縁起もののお飾りとして用いられたりもしている。

時が下って大正の初期。お菓子はかつて「果子」と書いていたこともあり、これは木の実すなわち果実を始まりとするとの解釈と、彼をそのいきさつから文臣にして、本邦初の忠臣とする考えが相まって、田道間守は、お菓子の神様・菓祖神とされるに至った。

話を戻そう。そんな地に生まれた平井政次は、まさしくお菓子を含めた食文化の申し子のような人生を送ることになる。

●ガストロノミー

昭和二九（一九五四）年、平井は、藤井幸男氏率いる神戸のドンク製菓部に入社。昭和四一（一九六六）年、破竹の勢いで伸びる同社の斬り込み隊長として社内をまとめ、念願の東京進出を果たす。そして、翌年には同社の取締役生産部長に就任。昭和四五（一九七〇）年には、同社の大阪万博出店に伴って東西を兼務し、フランスから来日したフィリップ・ビゴやピエール・プリジャン等を束ねて、獅子奮迅の活躍をする。昭和四六（一九七一）年、職務を全うした後に独立を果たし、「株式会社ガストロノミー研究所」を設立する。ここは普通なら「何々製パン」あるいは「何々洋菓子店」と命名するところだが、初めから〝ガストロノミー〟、すなわち〝美食術〟としているところが、並ではない。当初から彼の目指すところは、フランス食文化の全域にわたるものだったのだ。次いで、彼はその夢の実現に向かって、着実に歩を進めていく。

●美食のオールラウンド・プレイヤー

「シェ・リュイ」なる屋号で開いた東京渋谷区代官山の店では、ドンク時代に培ったフランス菓子をさらに磨き上げて、世にその真価を問う。加えて、ヴィエノワズリー（注：クロワッサン等、かつてマリー・アントワネットが故郷のウィーンから積極的に取り入れたもの）を……、といいたいところだが、そのヴィエノワズリーの範疇を超えたパンの専門店の〝ブランジュリー（boulangerie）〟を並行して商う。

さらには、お菓子屋が手がけるサロン・ド・テと称される喫茶室を超えた、バール（バー）をも備えた、〝あちら風のカフェ〟を、向かい側に開設。また、〝トゥレトゥール〟と呼ばれる仕出し料理に収まり切らず、本体とは別に、本格派中の本格派たるフランス料理のレストラン（restaurant）をも作ってしまったのだ。なお、近年は、フランスの名門製パン会社の〝グルニエ・ア・パン〟と提携して、広くその展開にも踏み出した。

パティスリー・フランセーズを始めとしたフランス美食術のエンターテイナー、同国の美食のオールラウンド・プレイヤー、それが平井政次である。

追記するに、東京都洋菓子協会の会長職在任中に、「ジャパン・ケーキ・ショー」なる本邦最大の洋菓子展示会およびコンテストを開催し、毎年これを実施するなど、業界の技術的なレベルアップと地位向上に努めた。こうした功績に対し、お菓子大国フランスは、平井政次に農事功労章シュヴァリエを授けている。

フランスパンの伝道者、ビゴの店創業者

フィリップ・ビゴ

一九四二年〜
Philippe Bigot
正式名は、フィリップ・カミーユ・アルフォンソ・ビゴ（Philippe Camile Alphonso Bigot）。日本におけるフランスパンおよびフランス菓子普及の功労者。

●昭和四〇年に来日

ビゴは、フランス・ノルマンディー地方出身。祖父の代から続くパン屋の、六人兄弟の四番目、長男として生を受ける。八歳の時からパン作りの手伝いを始め、義

務教育終了後の一四歳から正式に見習いとして働き始める。父の店は繁盛し、イヴレ・レヴェックから隣町のル・マン、続いてサン・ピエール・シュール・ディーヴ、さらにはラ・ガレンヌ・コロンブと、次々と大きな都市に移っていった。そしてビゴが一五歳の折、父親といさかいをして飛び出し、同じ街の別のパン屋に転職。一七歳の時にパリに出て、国立製粉学校製パン科および職業訓練センターに通い、製パン職人と製菓人の職業適性証（Certificat d'Aptitude Professionnele　略してC・A・P）を取得する。

ついでながら、C・A・P等に関わるフランスの職業訓練について筆を及ぼせば、次のごとくである。

すべてとはいわないまでも、おおむねが企業形態として成長するための〝大学進学志向型〟である日本に対し、フランスは古くからの伝統を引き継ぐ〝職業訓練型〟のシステムが、社会の基幹として、しかと根付いている。すなわち、その経済成長のために、積極的に働く人の技能を確保していく形態であり、いわゆる職業訓練というものに重点を置いた教育、社会構造が構築されているのだ。

この職業訓練とは、ヨーロッパに数百年の歴史を持つ〝徒弟養成〟が発達したものだけに、手工業的な分野での伝統的職種を中心とする技能養成や、あるいは、近代的職種を中心とする技能訓練など、微に入り細を穿ち間然とするところがなく、さらには、日々新たな技術開発が行われる昨今、これに対処すべく成人再訓練も行われている。

義務教育を卒業後に、こうした養成訓練を受けると、技能工としての資格を認める職業適性証(職業適任証ともいう(Certificat d'aptitude professionnelle　略してC・A・P))を手にすることができる。

この養成期間は、公共職業訓練所であれば六ヶ月、企業との養成契約に基づく場合は3年程度を原則とするが、職業や訓練実施者によって相違がある。また、訓練が終了すれば、養成訓練終了証を取得できるが、このうち技能検定に合格して、前述の職業適任証（C・A・P）を取得できるのは全員とは限らず、不合格者は再度受験することになる。このように、学卒者が技能労働化してから、労働市場に入る過程で養成訓練や検定合格までの期間に差があるため、学卒者が集中的に労働市場に現れないという点も、日本と異なるところである。

さて、話を戻そう。当のビゴだが、兵役終了後、国立製粉学校時代に師事したこの道のエキスパートのレイモン・カルヴェル氏のすすめで、昭和四〇（一九六五）年に、東京で開かれる見本市のパン職人として来日。この時、危ぶむ周りの声に対してカルヴェル氏は、「初めから指導者として生まれる者は誰もいない。指導者になるのだ。彼はその器である」と言って、彼をかばったという。

●ドンクにてパンの技術指導者に

見本市終了後、バゲットの製造に関わった藤井幸男率いるドンクの三宮店に勤務し、製パンの技術指導を行う。続いて昭和四三（一九六八）年、ドンクが東京は青山に店を開く折に、同店に移動。店内でフランス人のブランジェ（製パン職人）が作るホンモノのフランスパンに人気が沸騰。フランスパンブームに火がつき、パリの地図入りの細長い紙袋に入れたそれを抱えて歩く姿が、ひとつのファッションとなった。

その後、勢いにのったドンクは、昭和四三（一九六八）年にフランチャイズ方式によって全国展開を始め、ホンモノのフランスパンおよびフランス菓子の紹介と普及に努めていった。その流れにのってビゴもまた札幌、神戸、京都等々全国の店舗を指導して回る。裏を返すと、ビゴなしには、ドンクの急成長もかほどスムースには行われなかったのでは……とも思える。

●ビゴの店

そしてそろそろ独立をと思い立った折の昭和四六（一九七一）年、ドンクの藤井幸男社長の計らいで芦屋の店を譲り受け、〝ビゴの店〟として念願の独立を果たすことができた。

続いて、各所に展開を始め、パリの老舗菓子店「メゾン・ラグノー」を買い取るなどの拡大路線を進めるが、無理がたたって体調を崩し、パリ店を含めて不採算店を手離して縮小。しかしながら状況は変わらず苦戦を続けていた折、平成七（一九九五）年の阪神・淡路大震災に遭遇。さらに複数店舗を失いスタッフも半減したが、かえってそのことが幸いし、また政府系金融機関からの無利子の融資を受けるなどして業績が回復した。まさに〝災い転じて福となす〟である。

なお、こうしたこれまでの彼の功績、すなわち日本におけるフランスパンおよびフランスの美食文化普及の努力に対し、フランス共和国政府は、一九八二年に国家功労章シュヴァリエ章を、一九八七年に農事功労章シュヴァリエ章を、一九九八年に農事功労章オフィスィエ章を、そして二〇〇三年にはレジオン・ドヌール勲章を授与している。

自国の文化普及のために活躍する自国民に対し、細かな気配りを忘れず、手厚くそれに報いるフランスという国の懐の深さがしのばれる。

フランス美食文化の旗手、レストラン・シェ・ピエール創業者
ピエール・プリジャン

一九四七年〜
Pierre Prigent
日本においてのフランスパン、フランス菓子、フランス料理といったフランス食文化の啓豪と、レベル向上に尽した一大功労者。

●海外飛翔を夢みて日本へ

パリに生まれたピエール・プリジャンは、一九六二年にパリの商務省のフェランディ学校に入学。パンと菓子を学び、一九六四年よりパリ一三区のムヌリー学校に

てパンの名人教授レイモン・カルベル氏に師事。パンの道を極めんとする多くの人と同様、ピエール・プリジャンも同氏の薫陶を受け、その後の人生の行く手に大いなる光を見出す。その後、ブランジュリー・パティスリー（パン・菓子店）に勤めた後、兵役に行く。次いでスイスで修業後、パリに戻るが、この頃から漠然とアメリカあたりに新天地を求めることを考え始める。そんな折、日本の大阪で万博が開かれることを開き及び、また同地でフランスの美食提供の担い手を求めている話も伝わってくる。海外飛翔を夢見ていた彼にとっては、アメリカではないにせよ、渡りに舟であったといえる。

●クレープとパンの店

万博を前にした昭和四三（一九六八）年一〇月に来日し、ドンク東京にてパン職人としての仕事がスタートを切る。そして昭和四五（一九七〇）年、開催された万博では、先に来日していたフィリップ・ビゴともども、寝る間もないほどの忙しさを体験する。それほどに彼らの作る〝ホンモノのフランスパン〟に、人々は魅了されたのだ。そのフランスパンに勢いを得たドンクの進展はその後も止まらず、東京上池台に大規模パン工場、神戸にビスコット工場等次々と新しい手が打たれてゆき、ピエール・プリジャンもそれらのすべてに関わっていく。

そして、ひと区切りつけた昭和四八（一九七三）年四月、東京北青山にレストラン・シェ・ピエールを開店。ついに念願の独立を果たす。続いて昭和五三（一九七八）年に東京渋谷区代官山に、クレープとパンの店をオープン。当時、日本にはまださほどなじまれているとは言い難かったクレープの汎用性を世に訴えた。すなわち、クレープはおやつ的な感覚のみならず、またデザートにしても仕立て方次第では、温菓にも冷菓にもなる。さらには付け合わせによっては、主食たり得ることを示したのだ。そして昭和六〇（一九八五）年、それらの店の集大成として、東京港区赤坂乃木坂に、新たにレストラン・シェ・ピエールを移設開店。終の仕事場とする。

●異国に働く同胞を支援

パリ生まれながらブルターニュをこよなく愛する彼は、申したごとく彼の地のクレープ各種を紹介するかたわら、本物のフランスパンや伝統に基づくフランス菓子を、他方では地に足のついたフランス料理を、ひたすらもくもくと作り続けて今日に及んでいる。赤坂乃木坂の店「シェ・ピエール」は、東京にあってパリであり、食のエンターテイナー・ムッスュー・ピエール・プリジャンの世界でもある。

なお、昭和五一（一九七六）年、日本で働く同じフランス人のパン職人、製菓人、料理人たちで「アミカル・デ・キュイズィニエ・パティシエ・フランセ・オ・ジャポン（Amical des Cuisiniers, Pâtissiers, Français au Japon）」という親睦の会を作ったが、人望厚い彼はビゴ氏ともどもその創設から携わるとともに、長年同会の副会長として異国に働く同胞をまとめ、何くれとなく励まし続けて今日に及んでいる。さらに加えて、昭和六二（一九八七）年には、恩師に表敬した「レイモン・カルベル会」を設立したり、パンおよび菓子のワールドカップ・コンクールに、度毎に団長や監督として参加したりし、日本チームを優勝に導いてもいる。

そうした真摯な美食の伝道者に対し、フランス共和国政府は農事功労章シュヴァリエを授与している。しかしながら、彼の歩んだ軌跡を顧みるに、そうしたことに余りあるほどの恩恵を私たちは受けてきた。こういう人たちに対してこそ、私たちは何らかの手段をもって報いてさしあげることはできないものか。僭越ながらそんなことをつい思ってしまうのは、筆者だけであろうか。

甘き系譜

吉田平三郎《よしだへいざぶろう》と菊太郎《きくたろう》、平次郎《へいじろう》

吉田平三郎　？
吉田菊太郎　一八七七年～一九四五年
吉田平次郎　一九一二年～一九七三年

率先して我が国にパンおよび洋菓子文化を取り入れ、同業他社と手を携え、そのレベル向上に努め、多くの技術者を輩出した甘き系譜。

●天秤棒を担いで売り歩く

明治一〇（一八七七）年、桑名の在の吉田平三郎は、妻勢以《せい》とともに上京。本郷で炭屋を営んだ後、これからは洋風食文化の時代と、パンの受け売りから身を立て、幼い頃読み書き算盤を修めた地の近江国彦根にちなんだ近江屋の屋号でパン屋を開業。客待ちにして売れずと見るや、天秤棒を担いで、〝パン、パン、パン、アメリカのパン〟と声あげて売り歩いた由伝えられている。

明治二四年、一四歳になった長男菊太郎は、母親の従兄《いとこ》妹にあたる大阪の山縣保兵衛営む山縣屋なる株屋に入店した。しかしながら自らには株を売り買いする博才など持ち合わせぬことを悟り、ほどなく退店して八百屋、和菓子舗などを渡り歩く。そうしたある時、先に勤めていた株屋の山縣保兵衛より、子息山縣宇之吉の渡米随伴の依頼を受ける。人生の行く末に思うところあった菊太郎はこの誘いを渡りに船と即座に同行を決意する。

●サンフランシスコへ

明治三〇（一八九七）年、一九歳になった菊太郎と山縣宇之吉は、前年に北米航路の就航なった日本郵船に乗り、無事サンフランシスコに降り立った。

日本人とて軽んじられてはならじと、口髭をたくわえ、山高帽をかぶり、こうもり傘をステッキ代りに手にしたいでたちは、まさしく銀幕に喝采を浴びるチャップリンである。また、アメリカは物騒と聞いてか、出発前に身の安全を図るべくピストルを買い入れるなど、用意周到の準備を心掛けている。さらに、当時の日本では、革靴は甚だ高価にして貴重品であったが故に、すぐにすり減ってはならじと、底に金属の鋲をたっぷりと打ってきたのが災いし、坂の多いサンフランシスコの街では、そこかしこツルツルすべって歩行能わず、相当の難儀をしたという。そして前述の如きいでたちの小柄な彼を見て、アメリカ人たちは不躾に指をさしては、〝モンキー〟と言いつつ、あざ笑ったとか。

●苦労の末に帰国して

しばし後、株屋の息子とは別れた……というが、有り体に申せば、足手まといになると思った彼に、菊太郎が置いていかれた……と言ったほうが正しいか。ちなみに彼・山縣宇之吉は、後年、信州大学の学長にまで昇り詰めた秀才であった。

さて、ひとりになってしまった当の菊太郎は、その後、線路工夫や皿洗いなどをしながら、シアトルのタコマに行き着き、口伝に従うなら、とあるミルクホールに職を得た。いまでいうコーヒーショップの類であろう。身を粉にして働いた彼は、けっこうかわいがられたらしく、これまた口伝によれば、〝メリケン粉にバターを混ぜてこしらえたカステラパンのようなケーキ〟、今でいう菓子パンの類等を教わり、都合三年の在米生活を終えて帰国の途についた。後年、折につけ子供たちに在米中のことを語ったというが、ある時、なまいき盛りの子（おそらく筆者の父）が、

「おっ、また鳶《とび》の巣文殊山《すもんじゅやま》が始まった」

とからかったところ、いたく気分を害したか、一徹な彼は、以来いっさいそのことに関しては口を閉ざしてしまった。

話を戻すと、菊太郎は帰国後、家業に入り、〝夜寝ない国からやってきた〟といわれるほどに勤勉な両親とともに懸命に働き、中村屋を含む激戦区を戦う。そして明治三七（一九〇四）年に始まる日露戦争では、文字通り昼夜兼行で軍用パンの製造に励み、みるみるうちに地歩を固め、あんパンで名をなした一頭群を抜く木村屋を含む、東京府内の有力パン店のひとつに数えられるまでに成長。その後昭和に入って神田に移り今に至っている。

●吉田平次郎とＧＨＱフェダマン

さて、その息子、平次郎は、当時、一世を風靡していた銀座の米津凮月堂職長門林弥太郎の娘と縁を持つ。

その平次郎は、第二次大戦中および戦後の混乱期から同店を守り抜き、商いもパ

ンから洋菓子へと軸足を移していった。

また、傍若無人に振る舞う進駐軍、ＭＰを相手につたない英語で対応、否、むしろ積極的にコミュニケーションを図って、良好な関係を築いていく。

そして、ＧＨＱ（連合国軍最高司令官総司令部）の食糧鑑査官フェダマンを向うにまわして、一歩も引かぬどころか見事に懐柔せしめ、製菓製パン業界の足かせとなっていた水飴、練粉乳、砂糖、小麦粉等の統制物資の解除を働きかけ、実現を早めせしめた辣腕ぶりは、歴史の表舞台には出てこぬことながら、特筆に価する快挙といっていい。いずれはなったであろうことながら、この早期の実現により、どれほど多くの菓業人をいささかなりと早めに復職せしめ得たことであろうか。筆者の幼な心に、このフェダマン氏が、ことあるごとに来店しては、父と何やら難しい話をしたり、また、菊太郎の隠居用に手当てをした神奈川県葉山の家に、私たち子供用に舶来のおもちゃやお菓子などを持って来てくれていたことを記憶している。

●甘き系譜は続く

加えて平次郎は、その血縁を通じた凮月堂一門他同業他社との間に、技術者およびフェダマンを通じて払い下げを受けた原材料の融通をつけながら、我が国の洋菓子文化を守りつないだ。その間、同店からは、後に日本洋菓子協会連合会会長を一〇年務め、日本の洋菓子文化を一挙に国際レベルにまで引き上げた安西松夫をはじめ、多くの技術者を輩出している。北舟子《ほくしゅうし》の俳号を持ち、『雪割燈』の句集を編み、富士山頂に句碑を建立するほどの粋人であった彼は、後に妻方の関係から銀座の名門・米津凬月堂の再興に尽力。晩年は、東京渋谷に渡仏した息子の帰国を待って、新たなフランス菓子店を誕生させている。ちなみに同店は、その後銀座に居を移し、今もなお、より高みを目指して歩み続けている。同店のみならず、かように甘き系譜はたとえ所を変えようと、各地に脈々と絶えることなく続いていく。

なお、神田の近江屋はその後、平次郎の弟の増蔵に引き継がれて後、その長男・太郎に受け継がれ、分店の銀座近江屋は末弟の吉田清一、そして清子の受け継ぐところとなる。

ご紹介しきれなかった方々

〝その他〟などとくくっては失礼千万、まことに申し訳ない方々がたくさんいらっしゃる。何分紙幅に限りがあり、ご紹介し切れぬご無礼をお許し願いたい。

●遡れば……。

時を少々遡らせていただくと、明治七（一八七四）年にオーストリアのウィーンで開かれた万国博覧会に金米糖を出品して受賞の栄誉に輝いた三浦屋栄次郎、明治二一（一八八八）年にアメリカ人のクラークが興した横浜ベーカリーを引き継ぎ、宇千喜パンへと発展させた打木彦太郎、明治三四（一九〇一）年、喫茶店室を併設しているアメリカのドラッグストアにひらめいて資生堂パーラーの前身の資生堂ソーダ部を開き、意欲的にアイスクリームやソーダ水等を手がけた福原有信夫妻、明治四〇（一九〇七）年に鹿児島から上京して、一日に一三舟しか作らない幻の水羊羹等で評判をとる銀座の名門・清月堂を開いた水原嘉兵衛、明治四四（一九一一）年、芥河日米堂（現・芥川製菓）を開き、チョコレートに命を賭けた芥川鉄三郎、大正一〇（一九二一）年に京都でクッキーを手がけ、後に東京に進出した泉屋の泉園子等々の名が浮かぶ。

また、もう少し近いところでは、多くのお弟子さんを輩出したことで知られる「エスワイル」の大谷長吉や、「トロイカ」の石黒茂、あるいは、日本の洋菓子業界を世界に定着させるべく努力を傾注した「横浜フランセ」の高井二郎・和明父子等も……。改めて機会を得て、そうしたそれぞれの方々の甘味世界への貢献を、深く石に刻ませていただきたいと思う。

●戦後を潤す夢の仕掛人

第二次大戦後の欠乏していた甘き世界を埋めてくれたのは、既述したハリスやロッテのガムであったが、さらに加えて忘れたくないのが、味で魅了したフルヤのウィンターキャラメル、カバヤのキャラメル、紅梅キャラメル、ニイタカドロップ、篠崎製菓のライオンバターボールなどの活躍である。これらの各創業者の方々には、只々頭が下がる思いがする。

皆それぞれに印象深いが、個人的には特に紅梅キャラメルになつかしさを覚える。この箱には巨人軍のブロマイドが入っており、レギュラー選手を集めて送ると、今の子供たちだったら相手にもしてくれないような、すぐに破れてしまうグローブや、たちまち空気が抜けてしまうゴムボールがもらえた。年配の方でしたら強く記憶にあろうかと思うが、川上、千葉、青田、与那嶺、南村といった名選手たちが日本のヒーローだった時代である。これがほしくてほしくて、子供たちはおこずかいをもらうや、一目散にお菓子屋さんに駆けつけたものである。そして、友だちとダブっているカードを交換するのだ。後年、ロッテのビックリマンチョコレートについているカードや妖怪ウォッチ集めに血道をあげる子供たちの気持ちと、まったく変わりない。

それに対抗する立場にあったのが、カバヤであった。これには文庫券が一枚入っていて、五〇点たまると、カバヤ文庫と称するマンガの本が一冊もらえる。これまた子供の世界では大騒ぎであった。小さくて薄っぺらなものだが、これが貴重で、まるで宝物のように扱われたものであった。さしものおまけ付きのグリコもかすんでしまうほどのもてはやされようであった。

この二社を比べるに、どちらかというと紅梅キャラメルは東のほうに強く、カバヤは西日本方面に力が入っていたように見受けられた。が、それはともかく、我が国復興途上におけるこの二社の、既存の大メーカーを向こうにまわしての大健闘は、楽しみの少なかった当時の子供たちに、大いなる遊び心と、ささやかだったがすばらしい夢をふくらませてくれた。

●甘味世界を支えるエトランジェ

取り上げご紹介したい方がたくさんいらして悩むところだが、本文に取り上げ得なかったところでは、明治の初めに村上光保にフランス菓子を手ほどきしたフランス人のサミュエル・ペール、ロシアからのマカロフ・ゴンチャロフ、ドイツ料理店ローマイヤを開いて同国の料理やデザート菓子を紹介してくれたアオグスト・ローマイヤ、南仏から来日して本物のフランスパンを紹介してくれた大先生レイモン・カルヴェル。

もう少し近づいては、ドイツからやってきて京王プラザホテルの総料理長として腕を振い、本場ものの近代ドイツ料理とドイツ菓子を堪能させてくれたハルツムーツ・カイテル、スイス菓子を引っ下げて来日し、バーゼル市内にある、筆者も学ばせていただいたコバ国際製菓学校仕込みの鮮やかなテクニックを披露して、日本の製菓業界に深い感銘を与えたウォルフガング・ポール・ゴッツェ。

その他来日以来、やはり艱難辛苦の末、ルノートル・ジャポンを背負って水を得た魚のように大活躍したセルジュ・フリボー。さらに加えるなら、ドンクの藤井幸男氏が手がけた食材や製菓製パン機器類の輸入商社たる日仏商事をそのまま受け継ぎ、みごとに発展させた筒井ベルナール、あるいは近年においてはダロワイヨのシェフを務めた後、独立開業したフレデリック・マドレーヌ、ベルギーから来たチョコレートのエキスパートのベンヘー・ヨリス、フランスの食材や製菓材料を広く紹介してくれたフランク・ドゥクロメニル等々の各氏も……。

ここにたどり着くまでには、古今枚挙にいとまがないほど多くの人たちの力を借りてきたことは申すまでもない。そのようななかでも特に敬意を払ってしかるべきは、日本に住み、縁ありせば日本女性を妻にめとり、日本を生活の場とし、子供の国籍や教育問題に人の子の親として心底悩み、異国に骨を埋める覚悟の彼らに対してではなかろうか。ふとそんなことを思ってしまうのは、おそらく筆者のみにてはあらぬはず。

明治初期のサミュエル・ペール氏から始まり今日に至るまでの、長き伝統を継承する味覚の伝道者、甘き宣教師たちに心よりねぎらいと感謝の意を込めて、拍手を送りたいと思う。

●甘き才媛に高らかに杯を

外つ国の甘き仕掛人たちに熱き謝意を表した後は、再び内なるものに目を転じることにしよう。

これまでに取り上げさせていただいたごとく、我が国にも数え切れない人たちが甘き一片に命をかけ、その研究と製作、そして教育に情熱を燃やしてきた。ところで、加えてなお、ここにご紹介したい方々がいらっしゃる。今日あるお菓子ブームを支え、盛り上げ、お菓子とは何ぞやの啓蒙をし続けてこられた女性先生方である。

今でこそ、機器の発達による重労働からの解放ということもあってか女性の製造面への進出も急増してきたが、これまでは、できてくるデリケートで華麗な製品群とは裏腹のハードな仕事内容から、おのずと男性主導の世界となっていた。

しかしながら考えてみるまでもなく、量を求めぬ立場に立てば、まさしくお菓子作りは家庭向きのたおやかな作業であり、調理技術である。女性ならではの感性の表わしどころも随所に見出すことができる。そうしたことに目覚めさせるとともに、ただ難しく面倒で遠いところにあると思われていた世界を、このように身近に、そして夢のあるものとして広く世に紹介の労を執ってくれたのが、女性のお菓子研究家の先生たちだったのだ。故宮川敏子氏をはじめ、東に西に大活躍の森山サチ子氏、今田美奈子氏、加えて大森由紀子氏や、政界にも活躍の場を求めた藤野真紀子氏といった才気あふれた方々の啓蒙を受けた人は、数知れぬほどである。

配合も作りやすい小さな分量に書き改め、複雑に思える手順を女性らしく細やかに、かつやさしく解説し、時には物語を書き添えて夢をかき立て、工芸的なテクニックも手芸の要領でなじませていってくれた。こうした内側からの教育活動は、お菓子文化の高揚に、どれほど大きな効果を与えたか分からない。

家庭の主婦やお譲さん方に、卵や砂糖、バター、小麦粉といったバラバラの素材を自らの意志でまとめ、形あるものに仕上げていく喜びを知らしめたこと、また、甘き世界に対する造詣の念を深めさせ、お菓子作りを通して多くの人々の人生を豊かならしめた功績は、これまでの男性にはほとんど成し得なかったことではあるまいか。その努力と熱意には表敬の念を禁じ得ない。内なる使徒、活字媒体に電波媒体に、今日も活躍せるマドンナ先生方にエールを送りたい。

●今そして、これからにつなぐ甘き走者

百貨店や地下街、駅ビル、駅ナカ等の名店街は、すべてとはいわないまでも、その時代のスイーツ文化を映すおおよその鏡である。そこにはナショナルブランドとして全国展開を図っているおなじみのヨックモックやメリーチョコレート、アンリシャルパンティエ、アンテノール、あるいはグラマシー・ニューヨークやジョトゥの名でスイーツマーケットを席巻しているプレジィール、ジャンボシュー等で大を成したコージーコーナーといった各店が、大輪の花を咲かせている。あるいはスーパーマーケットやコンビニエンスストアを舞台とするモンテール、さらにはそうした商業集積ではなく、独自のフランチャイズ方式を進めるシャトレーゼなどもスイーツ文化の幅や裾野を大きく広げている。

また、地方の名地に目を移せば、たとえば北から見ると、旭川の壺屋総本店、帯広の六花亭、札幌の石屋製菓、きのとや、千秋庵、ロバパン、山形のシベール、白い雲、十一屋、仙台の菓匠三全、東京駅や羽田空港で異彩を放つグレープストーン、

横浜の霧笛楼、十番館、プチフルール、そら、ガトー・ド・ボワイヤージュ、大阪府豊中のムッシュー・マキノ、兵庫県西宮のツマガリ、四国松山の一六本舗、九州大分の菊屋、熊本のお菓子の香梅等々に至るまで、各地に多くの銘店が地に根をおろし花咲かせ、それぞれの創業者のパッションそのままに、きら星のごとき輝きを見せている。

さらには、ヨーロッパで修業を積んだ東京カドの高田壮一郎やランペルマイエの長谷部新三等の後を追うように、フランス政府給費留学生として海を渡っていった金のフライパンの藤井克昭、レピドールの大島陽二、加えて独自に雄飛していったオー・ボン・ヴュー・タンの河田勝彦や十六区の三嶋隆夫、マルメゾンの大山栄蔵、リリエンベルクの横溝春雄、パティスリー・シマの島田進、パティシエ・イナムラショウゾウの稲村省三、あるいはパリにいてそのまま店を開いた千葉好男等、筆者を含む昭和一〇年代から二〇年代生まれに続いて、横田秀夫、辻口博啓、青木定治、鎧塚俊彦、小山進、永井紀之、及川太平、和泉光一等々といったパティシエたちが妍を競うように成長し、スイーツマーケットを豊かなものにしてくれている。他方、独立開業こそしなかったものの、ひたすら甘味世界の教育に身を捧げた桑原清次や中村勇、大橋厳太郎等の名も忘れてはなるまい。これらの各人がまたそれぞれに甘き足跡を残し、次世代、次々世代へとこの道をつないでいく。そしてそれをもって、また新たなる菓業列伝が記《しる》されていく。

いにしえの驚きに始まり、刻苦の歴史を踏まえて豊かな今日を迎え、さらに輝ける未来に向かわんとする甘き世界に、そしてその折々を担う、甘き伝道者たちに幸多かれと祈りつつ、第一章の筆を置くこととする。

第二章

お菓子《スイーツ》を彩るサポーター列伝

　お菓子文化は、決してお菓子に直接的に携わった人のみにては発展し得なかった。お菓子の世界を盛り上げるべき、周辺のさまざまな人たちのサポートによって成り立ってきたのだ。

　ここでは、そうした菓業《スイーツ》サポーターを務めてくださった人たちにご登場願い、それぞれの方に筆先を求めさせて頂く。

　まずは、それを文化として伝えてくれた人のご紹介。続いては、前章の如き年代順ではなく作業順に記させていただくが、材料を供給してくれた人。次に、それらを取り扱う問屋や商社、さらには、お菓子を作るにあたっての機器類や販売に際しての冷蔵ショーケース等の開発に携わった方々。また、でき上がったものを入れる化粧缶やパッケージに心血を注いでくれた人たち。そして加えて、海を渡ってくるパティシエたちを身体を張って面倒みてくれた方にも筆を運び、本章とした。

〈文筆によるサポート〉

南蛮菓子紹介の『倭漢三才圖會』の著者

寺島良安《てらじまりょうあん》

一六五四年〜享保年間（一七一六〜一七三六）末期頃

南蛮菓子記載の『倭漢三才圖會』の著者。

●医師が著した『倭漢三才圖會』

寺島良安は、江戸時代中期の医師で、大坂城医を務めた、いわゆる当時の知識人であり、文化人のひとりである。なぜそんな人が『お菓子《スイーツ》を彩る偉人列伝』なる本書に？

実は、彼は自らものした『倭漢三才圖會』なる書物に、南蛮菓子と呼ばれるもののいくつかを取り上げ、図柄として書き写し、文字にして残し、しかと後世に伝えてくれたのである。スイーツブームといわれる昨今ならまだしも、この時代にお菓子ごときをたいそうにわざわざ取り上げてくれること自体、この世界に身を置く者にとっては、たいそうありがたいこと。よってわざわざここに取り上げさせていただいた次第。

ところでその当人だが、明の時代に広まった易医論にいたく影響を受け、〝天地人〟の三才に通じてこそ真の医師であるとして、自らを強く深く磨き上げたという。そしてその考えのもとに、師と仰いだ中国の『三才圖會』にならい、正徳二（一七一二）年に、日本で最初の図入り百科事典たる『倭漢三才圖會』を著した。これは全一三〇巻にわたるもので、当時における森羅万象といおうか、思い及ぶあらゆるものに筆を及ばせた文字通りの大書である。そしてその第百五巻に「果子」として、いわゆるお菓子の類いが明記されているのだ。

●当時のレシピまで詳細に

たとえば羊羹、外郎餅《ういろうもち》、求肥糖、煎餅といった、当時から定番となっている和菓子類から南蛮菓子の類いに至るまで……。

ちなみに南蛮菓子の代表格たるカステラについては、〝加須底羅《かすてぃら》、以西巴尓亜《イスパニャ》、保留止賀留、加須底羅、同國之異名、南蛮也造法出於此故名〟と述べ、以下、浄麪（精製した小麦粉?）一升、白沙糖二斤、鶏卵八箇をもって云々と、レシピともども作り方まで詳細に説いている。また浮石糖として、〝かるめいら〟のふり仮名をし、加留女以良、蠻語也と説明。その項には人参糖、阿留平糖といった周辺の砂糖菓子を列記。その他糖花《こんぺいとう》、小鈴糖といった一連の南蛮菓子に筆を運ばせている。さほど昔でもないにもかかわらず、情報の少ないなかにあって、同書は今日の貴重な情報源となっている。

●思い出深いエピソード

いつであったか、懇意にさせていただいている都内の古書店から連絡が入った。

「お宝が出ましたよ。多分先生好みと思いますが……」

すぐさま伺うと、まさにこの「第百五巻」である。おそらくヨレヨレで虫食いだらけになっていただろうそれは、しっかりと裏打ちされてすばらしい状態に補修されていた。価格は失念したが、もちろんその場でお返事させていただいた。

「ところで先生、この倭漢三才圖會、実は一三〇巻全部揃っているのがあるんですが、ついでにいかがですか」

指さされた棚の上には、ヨレヨレになって時を刻んだそれが、ぎっしりと全巻積まれていた。思わずふたつ返事で諾といいかけたが、一瞬この状態のものを自分で管理できるのか、全部裏打ちするとなるとけっこう大変なことに等々、さまざまなことが頭をよぎり、それは他のコレクターにお任せすることにした。

「ところでご主人、第百五巻だけいただいたら、山積みのこれは、ひと揃いではなくなるのでは？」

「いやいや、ご心配なく。実は、なぜかこの一冊だけが別ルートから入ってきたもんで」

ならばと安心してその一冊を抱えて帰ってきたが、そんなことってあるのだろうか。きっと著者の寺島良安氏が、〝他はともかく、菓子について記した第百五巻だけでも、お前さんが責任をもって後世に伝えてくれよ〟とのメッセージだったのかもしれない。今もそれは私の書棚の中に大事に保管されている。そしてスイーツブームの昨今、クイズや歴史物といった各種の番組にお披露目の機会を得ては、度毎に役に立たせていただいている。もちろんその都度、寺島良安氏のお名前も、電波媒体に乗って全国に流される。ひょっとしたらこれこそが著者の思惑だったのかもしれない。そのためにそっとその一冊をこの私めに託したのでは……。

南蛮菓子紹介の『長崎夜話草』の著者

西川如見《にしかわじょけん》

一六四八年〜一七二四年
江戸中期の天文学者にして、南蛮菓子を含む食文化にも造詣が深い博学者。

●インテリな天文学者

慶安元（一六四八）年に肥前長崎の商家に生まれ、正式名は英忠、通称次郎左衛門。別名は恕軒、恕見とも称していた。父の西川忠益も同じく天文学者で、母は石山宗林の娘。いわゆるインテリの家系といえる。

寛文一二（一六七二）年、如見二五歳の時、さらに学問を深めんと、儒学者として知られた南部草寿（一六八〇年没）に和漢の諸々を学び、次いで林吉右衛門門下の小林義信について天文学、暦学、測量学を学び、それらの道を極めていった。そして元禄八（一六九五）年、四八歳の時、『華夷通商考』と題する、我が国初の世界地誌を書き上げた。

そして元禄一〇（一六九七）年に隠居して著述業に専念。宝永五（一七〇八）年、前書の改訂版ともいえる『増補華夷通商考』を著したが、同書によって初めて南北アメリカ大陸の様が紹介された。なお、天文学や地理学上での彼の拠って立つところは、そもそもは中国の天文学だが、それのみならず、そこに西洋の天文学を加味したうえでのものであった。

享保三（一七一八）年に江戸に行き、翌享保四（一七一九）年に、八代将軍徳川吉宗公より天文に関する御下問を受けるなど、この道のオーソリティーとして広く認められるところとなる。

●『長崎夜話草』の南蛮菓子いろいろ

そして享保五（一七二〇）年に『長崎夜話草』を著したが、これこそが食文化、特に菓子関連においての特筆に価する一書である。当時の長崎には、西欧に対する唯一の窓口たる出島があり、そこより最新のニュースが入る。同書は、そうしたことの諸々を記したものだが、その中に〝南蠻菓子色々〟として、以下のものを書き留めておいてくれている。いわく、ハルテ、ケジヤァド、カステラボウル、花ボウル、コンペイト、アルヘル、カルメル、ヲベリヤス、パァスリ、ヒリョウス、ヲブダウス、タマゴソウメン、ビスカウト、パンの記述である。

ビスカウトはビスケット、アルヘルは有平糖でアメのことと、すぐに分かるものもあるが、どう考えてもなかなか察しのつかないものもある。

たとえばハルテ。『南蛮料理書』なる別書では、はるていすとして、〝煮つめた砂糖に焼いて粉にした麦粉や胡椒の粉、肉桂の粉をまるめ、麦粉をこねて焼く〟とあるが、よく分からない。調べるに、大西洋上に浮かぶポルトガル領マデイラ島にファルテ Farte という、さつまいもを使ったスイートポテトのようなものがあるという。たかだか百数十年にして忽然と消えてしまった謎めいたお菓子である。

ケジヤァドについては、ポルトガルのチーズケーキの一種のケイジャーダ（queijada）の発音がなまったものと思われる。ケイジャーダとはナチュラルタイプのクリームチーズに卵黄や砂糖を加え、シナモンで香りをつけて焼いたもの。バターや牛乳でさえ、そのにおいや風味によい印象を持たぬ人の多かった当時の状況からみて、それよりさらに強くクセのあるチーズケーキはやはり口に合わなかったようで、ほどなく消えてしまい、いつしか人々の口にのぼらなくなっていった。

ヲベリヤスについても、同じくポルトガルで親しまれているオベリャスと呼ばれる山羊のチーズを使用したチーズケーキと思われる。ヲブダウスも、発音に近いところでは前記のオベリャスが浮んでくるが、フランス菓子でいう巻き煎餅のウーブリも捨てがたい。

パァスリはポルトガル語のパステル（pastel）がなまったもののようだ。これについては、〝小鳥か魚を細かく切って料理し、生地の中に包み込む〟とされていることから、お菓子というよりは料理の一種にして、今回いうところのミートパイの如きものと推察される。別書ではハステイラなるものが出てくるが、これもパァスリの別表記であろう。ともあれフランス語のパティスリーにもつながる語である。

●いまは味わえぬ幻のお菓子たち

かように、今に至るもしかと残っているものもあるが、今の世にあっては霧の彼方に姿を隠してしまったものも少なくない。しかしながら、それらはここに述べられているごとく、確かに存在していたのである。そして当時の人々の口を楽しませ、その甘き一片を通して人々の心を遥けき世界へといざなっていたのだ。そのことに筆を及ばせ、後世の我々に伝え残してくれた博学者、西川如見もまた、スイーツ文化を側面から支えてくれたひとりとして、ここに取り上げさせていただいた。

西洋菓子紹介の『万宝珍書』の著者
須藤時一郎《すどうときいちろう》

一八四三年〜一九〇三年
幕末から明治にかけての目まぐるしい時代に、異才を放ったグルメな文人。

●『万宝珍書』に著された西洋菓子

明治六年、当時のミニ百科事典ともいうべき『万宝珍書』を著わす。そこには九種類の、南蛮菓子ではない、まごうことなき西洋菓子が記載されている。すなわちライスチースケーキ、ライスケーキ、フラン子《ネ》ルケーキ、ボックホウヰートケーキ、シッガルビスキット、ヅラード・ラスクス、スポンジビスキット、ウヲッフルス、コモンジャンブルスである。

幕末から明治初期の、あらゆる文物が、なだれを打って入ってくる日本中の混乱期にあって、お菓子ごときに細かく気を配る余裕を持ち合わせてくれる人などはほとんど皆無であったといってもいい。そのようななかにあって、当時おそらく最先端であったろう西洋菓子を、できうる限り正確に、配合や作り方を添えて記してくれている。後世の者にとっては、まことに謝意表すべきこと。こうしたものを通して、当時の人々が押し寄せる西洋文化をどのようにして取り入れていったかを探ることができるのだ。その手立てとして書き残されたこうした書物は、まさに千金に価する。

●西洋菓子の呼称

明治三年に明治天皇によって、今後外国からの賓客をもてなすにあたっては、フランス料理をもって行う旨のご指示が出された。それにしたがって、実際の料理やデザートに関してはフランス流になっていったが、ただ呼び方にあっては、ここに記されているごとく、英語がすでに定着していたようだ。そうした二方向の流れは、いまだに続いている。

なお、呼び方にあっては、スペールをそのまま読んだり、耳から入った音で呼んだりと、その時々によりまちまちで、定まっていない。たとえば、当時から明治末期にいたるまで、どの書をみてもチーズはチースと書き、決してチーズと濁った表記はしていない。これはスペールをフォネティックに、ローマ字読みにしていたものと思われる。また、シッガルビスキットについても同様で、英語表記の sugar biscuit cake を、ほぼそのまま読んでいる。

ヅラード・ラスクスについては、dried rusks のことで、おそらく耳から入った音での表記のようだ。ただ、ヅラードがドライドのこととはスペールをみるまではちょっとわかりにくいが。

なお、彼のこの書は、しばらくたった明治二二年の、岡本半渓著の『和洋菓子製法独案内』にも大きな影響を与え、このうちの多くの部分はそのまま転用されている。

ともあれ、こうした人がいたからこそ、洋菓子文化の創草期の歩みをたどることができるのだ。須藤時一郎なる男、スイーツ文化伝承の意味での強力にして大切なサポーターであったといえる。

●遣仏使節としてフランスへ

　では、ここで彼の人となりを見てみよう。

　天保一二（一八四一）年、江戸の牛込で、高梨仙太郎という幕臣の第一子として生を受ける。文久三（一八六三）年、幕府の仕立てた遣仏使節の一員としてフランスに渡り、欧州事情をつぶさに観察。

　当時、フランスはナポレオン三世（在位一八五二〜一八七〇年）の統治下にあった。かのナポレオン・ボナパルトの甥という英雄待望論の後押しを受けてはいたものの、彼自身はいまだかくたる武功もあげ得る機会を持てていなかったがゆえに、クリミア戦争（一八五三〜一八五六年）や、イタリア統一戦争（一八五九〜一八六〇年）、晋仏戦争（一八七〇年）といった各戦争ごとに介入しては、その存在感を際立たせていた。後に明治天皇が、これから海外の賓客をもてなすにあたってはフランス料理をもって……との指示を出されたのも、「世界の中心にフランス有り」との、須藤時一郎等によるこうした報告が、いささかなりと影響を及ぼしたと考えられないこともない。文化面においても、味覚上でも同国のものが最上最適とおぼし召されたうえでのご裁断であっただろうことはいうまでもないが。

●西洋菓子を身近なものに

さて、その後彼は、維新政府の作った大蔵省を経て第一国立銀行の勘定検査役をつとめる。そして明治九年、弟の沼間守一が設立した嚶鳴社《おうめいしゃ》という政治結社に入り、民権説を主張。後、東京府会議員を経て明治二七年に衆議院議員をつとめ、明治三六年に六三歳で逝去している。

思うに、これほどいそがしかった人生の合い間に、よくぞ最新洋菓子にまで筆を及ばせてくれたものである。偉くなられる方は、よろず気の配り方が違うものと思われる。そしてこの後、こうした情報は『和洋菓子製法独案内』を著わした岡本半渓、『食道楽』を著わした村井弦斎等に引き継がれ、西洋菓子に対する認識が急速に高められ、一気に庶民の口を楽しませていくことになる。

洋菓子紹介の『和洋菓子製法独案内』の著者
岡本半渓《おかもとはんけい》

生年不詳〜一九〇二あるいは三年

西洋菓子についての造詣も深く、洋菓子という言葉を初めて用いた製菓専門書を著わし、当時の貴重な甘味文化を伝え残してくれた明治中期の文人。本名、岡本純《きよし》、半渓は号。

●イギリス公使館の書記として

岡本半渓は、奥州二本松藩士武田芳忠の五人の子の三男として生を受け、同家を継いだ長兄以外は江戸に出ている。半渓は、御家人の岡本家に養子で入る。明治元年の上野の戦の折、彰義隊に入るが奥州で敗れて東京に戻り、ブラウンというイギリス商人にかくまわれ、その縁でイギリス公使館の書記として勤めることになる。

著作としては『保安条令後日の夢』なる政治人情小説や、『里の鶯』『演劇改良・三人笑語』といった小説の他、音曲解説、芝居評論、あるいは盆栽の作り方や小鳥の飼い方などの本がある。また、特筆すべきは、明治二二年に著わした『和洋菓子製法独案内』なる製菓専門書である。それまではお菓子といえば、いわゆる和菓子に決まっていたが、西洋菓子が出回ってくるに伴い、それと区別するべく和の文字をつけたものと思われる。そして、それと対比するかのように、西洋菓子は洋菓子と名のるようになった。つまり本書は〝和〟菓子、〝洋〟菓子とあえて名のるようになったその嚆矢といえるものである。

●さまざまな洋菓子を紹介

なお、同書には、先の明治六年、後藤時一郎の著わした『万宝珍書』にあるライスチースケーキ（Rice cheese cakes）、フラン子《ネ》ルケーキ（Flannel cakes）、ボックホヰートケーキ（Back wheat cake）、シッガルビスキット（Sugar biscuit）、ドライドラスクス（Dried rusks）、スポンジビスキット（Sponge biscuit）、ウヲッフルス（Waffles）、コモンジャンブルス（Cammon Jambres）に加えて、ライスプリン（Rice pudding）、レモンプリン（Lemon pudding）、パンバタプリン（pan butter pudding）、といった記載がある。この頃から我々は耳からの音でプディングをプリンと聞き取っていたようだ。その他、ホーケーキ（Hoe cake）、アーモンドブラシケーキ（Almond Bried cake）、アイリッシュシードケーキ（Irish seed cakes）、ジョン子《ネ》ーケーキ（Johnn cakes、）デルビーショルドケーキ（Derby short cakes）、インジャンケーキ（Indian cakes）、パンケーキ（Pan cakes）、ボイルカスターケーキ（Boil caster cakes）、ベカーカスターケーキ（Baker caster cakes）、ライスボール（Rice ball）、ロヲルフリン（Rolled pudding）、ゼリーケーキ（Jelly cakes）、フルターケーキ（Fruit cake）、麵包《パン》（Bread）の記載がある。明治六年から二二年までの間の西洋菓子の空白が、岡本半渓の手になる本書によって埋められたといっていい。

ところで追記するに、半渓の子息は、ベストセラーとなった『半七捕物帳』などで知られる岡本綺堂である。

洋菓子、洋食紹介の『食道楽』の著者

村井弦斎《むらいげんさい》

一八六三年〜一九二七年

江戸文学の流れをくむ文筆家にして文化人。菓子や料理についての造詣も深く、著作の中にも実に多くの菓子類を登場させ、その啓蒙に大きな力を寄せている。

●猛勉強のすえ、報知新聞社の客員に

氏素性は三河吉田藩の士族の子で、彼の父の村井清も『傍訓註釈・西洋千字文』など、いくつもの著作を著わす著述家であり、また明治の実業家・渋沢栄一の子供の家庭教師を務めていたほどの人物であった。

その子弦斎は一八六三年愛知県豊橋に生まれ、「これからの子には漢学のみならず西洋の学問も身につけさせねば……」の父の意向により、弦斎九歳の折に一家で上京。まさに孟母三遷の日本版である。一一歳でロシア語を学び、入学資格が一三歳にもかかわらず、一二歳で東京外国語学校に入学。猛勉強で首席になるも身体をこわして退学。それでも独学で政治、経済、文学などを修める。そして英字新聞の論文募集に応募して入選し、ほうびのアメリカ旅行を射とめる。

二〇歳で渡米し、ロシア系アメリカ人の家に住み込んで、働きながらさまざまな社会制度を学ぶ。その間、報知新聞社長と知り合い、帰国後同社の客員となって、同紙に百道楽シリーズとして、「酒道楽」「釣道楽」「女道楽」「食道楽」を連載。特に『食道楽』にあっては、同時代の徳冨蘆花の『不如帰《ほととぎす》』と並ぶベストセラーとなって版を重ねた。

●『食道楽』全四巻

これは、「春の巻」「夏の巻」「秋の巻」「冬の巻」の全四巻にわたる大書で、その文中には六百種を超える料理や菓子、食材にまつわる話題が盛り込まれている。菓子にあっては和菓子もさりながら、シュークリーム、アイスクリーム、プデン（プリン）、ゼリー、スポンジケーキ、ビスケット等々、多くの洋菓子を登場させ、江戸文学の流れをくむごとく、色ごとにひっかけながら解釈を加え、詳細に作り方を紹介している。たとえばシューの項を拾ってみると、

いわく「お父様が好きでいらっしゃるなら、お家でお菓子を拵《こしら》えなさいまし。先《ま》づ西洋菓子のシューなんぞが宜《よろし》いでせう」「圓《まる》く膨んだものの中から白い餡が出てくるものですか」「その代り少し六《むず》か敷《し》う御座います。火加減が悪いと膨みません。先づ一合の湯を沸立たせて中匙一杯のバターと小匙一杯の砂糖を溶かします……」（同書・夏の巻）

いわく「料理《れうり》の極意は何であると云ふと味と火加減を覚えるのでせう。それと同様に妻が良人《おっと》へ務めるのも程と加減が大切です。女道楽や酒道楽を餘所《よそ》に見て知らん顔をしているのも妻の道ではありません。諫《いさ》むべき點は何處《どこ》までも諫《いさ》めねばならんが諫《いさ》めると云ふ程を通り越して無暗《むやみ》に強い火で焼き付けると良人《おっと》は遂に焦げて了《しま》います。西洋菓子のシューなら浮上《うきあが》らないで縮みます。（同書・夏の巻）

いわく「ああいふものを家で拵《こしら》へてお客に出したら嘸《さぞ》楽しみでせう。宅では近頃は手製のシュークリームをお客に出すと大層褒《ほ》められます。あんなものは最初五六

遍失敗《しくじ》って覚え込むまでは大層面倒な様ですけれども悉皆《すっかり》覚え込むと案外無造作なものです。大騒ぎやって白玉を拵えるとかするよりも西洋菓子《せいやうぐわし》の方が手軽く出来ます。面倒と思ふのは畢竟《ひっきょう》慣れないからです子《ね》……」（同・夏の巻）

●夢を与える『食道楽』

『食道楽』は、またそれぞれの巻頭を飾る押し絵がすばらしい。〝大隈伯爵邸台所の間〟（春の巻）、〝岩崎男爵邸二階建台所階上之真景〟（夏の巻）、〝天長節夜會食卓之光景〟（秋の巻）、〝大隈伯邸花壇室内食卓真景〟（冬の巻）で、それぞれ当時の食文化の様子を詳細に現わしており、鹿鳴館を思わす食卓風景が再現され、食卓上には最先端の料理やデザートが並べられ、岩崎邸の厨房では忙しく働く家人や女中、うるさそうな責任者などが描かれ、その舞台裏がしのばれる。

たかが西洋菓子の一片にも、文化的な側面から、しかと光を与え、世に広く知らしめるべく啓蒙活動を行なってくれた、村井弦斎の果した功績は決して小さくない。

大正時代の洋菓子紹介の『阿住間錦《あづまにしき》』等の著者 古川梅次郎《ふるかわうめじろう》

一八六〇年〜一九二五年
日本中の乳幼児に親しまれる衛生ボーロの考案者にして、秀逸なる製菓書の著者。

●衛生ボーロ

丹波の造り酒屋に生まれた彼は、明治一四年に上京。京橋槇町（現在の八重州近辺）で、老舗和菓子店の万年堂当主・樋口治三郎と共同で干菓子の卸し業を始めた。余談ながら樋口治三郎の孫の喜一郎氏は、筆者の仲人である。そして後、仙台、福島といった東北を転々とし、福島県二本松村の玉屋菓子店において、遠藤八右衛門とともに菓子技術伝習会と称する製菓技術講習会を、一人二円の会費をもって行った。時に明治二三年（一八九〇年）であったが、ちなみにこれがこの種のことの本邦初の試みである。

次いで東北各地を伝習して回り、長野市に自店を開いたがたちまち行き詰まり、新妻ともども北海道札幌に夜逃げをして、利久という店で有平細工《ありへいざいく》（アメ細工）の花などを作っていたが、とても商いにはならず、明治二六年、小樽に移って古月堂なる店を開業。電灯と電話を引いたとして評判をとり、商いも順調に軌道に乗りはじめた矢先、今度は日露戦争の勝利を祝う提灯行列の夜に大火となり、無一文となって帰京。再び耐乏生活に陥り、古煉瓦を組み立てて作ったカマに、石油缶を切って作ったテンパンをもって、衛生ボーロなる小さな焼き菓子を編み出した。これは中国地方で親しまれている焼き菓子の一種の〝園の露〟にヒントを得たものであった。

●乳幼児食として全国へ

毎日これを作っては行商して歩いたが少しもさばけず、困り果てていた時、日本橋槇町の洋菓子問屋・古谷伝次郎が手をさしのべてこれを扱い、二年の時を経て後、ようようにして世の大いなる評価を得る。そして明治四二年、その製法と販売権を岡本庫治という人に譲渡。後、これは乳幼児食として全国に広まり、関西地方においては母親の乳首に似ているとして乳ボーロの名で親しまれ、その名は今日まで変らず親しまれ続けている。

なお、古谷は彼の才能を見込んで、同店の東北地方の外交主任、今でいうセールスマネージャーに招聘したが、翌年夏の大水害で、東北本線に積み込んだ菓子が、車両二両分すべて水没。律気な彼はその責任をとって同社を辞任。

またまた失意に陥ったが、旧知の出資を得て、大正二年、今度は上野凮月堂当主・大住省三郎の承諾を得て、凮月堂小樽支店を開設すべく小樽に渡る。さりながら思うようには事が運ばず、とても名のあるのれんを掲げること能わずと、志なかばにして再度東京に引き揚げる。京橋本店と上野分店を除くすべてが米津系の中にあって、幻の大住系凮月堂支店であった。

●『阿住間錦』を発刊

そして大正三年以降は、東京・下谷黒門町に腰を落ちつけ、菓子製造卸し業のかたわら、和洋を問わずお菓子業界の発展に尽力した。すなわち、その後から晩年の大正一四年にかけては、『一二ヶ月菓銘』『阿住間《あづま》錦』（全三巻）を、また年毎に

『勅題干支新年菓帖』（全二九巻）を著わしていくのだ。

ちなみに、『阿住間錦』のカラーの挿絵などは圧感で、左から右への表記と何合何勺という尺貫法の記述を除けば、現代でも充分通用しそうな焼き菓子類やコンフィズリー類も著わされている。商人としてはとうとう名を成し得なかったが、菓子業界における優れた教育者、文化人として高い評価を与えられるべき人物といえよう。

●和洋菓子業界の二大指導者を引き会わせる

加えて特筆すべきは、大正一二年の関東大震災の折に、当時の和洋菓子業界の二大指導者たる『菓友』発行元の木村吉隆と、製菓と図案社を興した金子倉吉とを結びつけたことである。病床の古川梅次郎は両者を枕元に呼び、二人を説いて手を握らせて、金子倉吉に『菓友』を引き継がせ、『製菓と図案』の創刊に至らしめたのである。これが後に『製菓製パン』と改称され、製菓業界に大きな影響を与えることになる。

なお、彼の来し方を顧みるに、想像を絶するほどに過酷な、幾度も奈落の底に落とされる起伏に富んだ人生であったが、それは、後々の世までも全国の乳幼児の口を楽しませる、あの衛生ボーロを生み出すために必要なプロセスであったのか。続いて独立開業の夢を閉じた後の、後世に引き継がせるべき幾多の名著の出版。そして菓業界の指導書たる機関誌をまとめるべく、それぞれの指導者を説いてうながした大同団結。彼の歩んできた道は、甘きものを軸としつつ、全てを世のため人のためとして、ついやした人生であったといえる。

製菓製パン業界機関誌『製菓製パン』生みの親
金子倉吉《かねこくらきち》と木村吉隆《きむらよしたか》

金子倉吉一八九三年〜一九七一年
金子倉吉は、お菓子業界の専門誌のひとつの『製菓製パン』の出版元である製菓実験社の創業者。

●『菓光』『菓工』

製菓実験社の設立までをたどると、稀代のパティシエにして、広くネットワークを広げることに努力を惜しまなかった、木村吉隆の話から始めなければならない。

東京銀座・南鍋町の米津凮月堂職長・門林弥太郎のもとに見習い工として入り、仕事に打ち込んでいた木村吉隆は、職場環境を整えんと、従業員懇話会なるものを立ち上げることを思いたった。傍系の淡路町凮月堂当主・穂積峯三郎がこれを知り、「これは労働組合に他ならない。すなわち彼は〝アカ〟である」と南鍋町店に伝え、木村は系列の神戸凮月堂に転職させられた。ここで彼は、その周辺のパティシエたちと計り、『菓光』と題する謄写版刷りの月刊誌を発行。半年後に『菓工』と改題した。木村はこの編集に携わり、同誌を東京に送って、在京の洋菓子技術者の集まりである菓工会の名のもとに印刷発売した。かえりみれば、これが洋菓子技術者の手になる最初の月刊誌である。しかしながら同誌は責任者不在や資金難、東西の連携の不備等々により、わずか一年足らずで休刊のやむなきにいたった。

その後、木村は、早稲田の丸星製菓所を経た後、師匠の門林弥太郎の推薦により、京橋・南伝馬町の大住凮月堂本店に入店した。

●関東大震災にみまわれるも復刊

さて、同店に勤めた木村は、菓工会同志の要望を受けて、大正一一年七月、芝・御成門の御成軒で「菓友会」なる技術者の集まりを立ち上げた。会長には彼の師にして恩人の門林弥太郎が就任した。

ところが、その翌年の九月一日に、関東大震災に見舞われ、凮月堂一門も総じて被災。木村はその直後に台北から声がかかり渡台するが、大正一三年に大住凮月堂本店から〝スグカエレ〟の電報を受けて帰京。大住と米津の両凮月堂協同経営の工場の設立に加わった。

そして、その年の四月に、第四回菓友会総会が開かれ、九月には復興創刊号としての『菓友会報』が出版され、一五年正月から『菓友』と改題された。そして同刊から洋菓子技術者の紹介斡旋を始めた。それがためにそれに当たった木村は〝洋菓子職人の卸し屋〟との異名をつけられた。

ところで同年、国粋製菓会社の工場長をしていた金子倉吉が自ら「製菓と図案社」を興し、翌年（昭和二年）木村らの作った『菓友』を引き継いで『製菓と図案』を創刊した。木村としても編集や出版は本業ではないだけに、引き受けてくれる金子の話は実のところ渡りに舟というところであった。なお、この結び付きについては、病床にあった古川梅次郎が二人を呼び寄せ、業界の為と手を握らせたことによるが、このあたりのくだりについては、前項の「古川梅次郎」をご参照願いたい。

ただ、菓友会では混乱が続き、途中、一緒になったはずの『製菓と図案』とたもとを分かち、再び『菓友』を刊行するなど曲折を経ることになる。しかしながら木村のこうした行動なくしては、菓業界における言論活動や活字媒体による啓蒙は緒につくことが容易ではなかったといえる。

●業界初のジャーナリストとして

一方、金子のほうは、同誌を昭和五年に『製菓製パン』と改称。いよいよ菓業界の行く手に灯りをともす指導書として充実を図っていく。が、ほどなく国体の雲行きが怪しくなり、満州事変、日華事変といった事変の名を借りた戦争状態に入り、そのまま太平洋戦争へと突入していった。そうした状況下、同社も国策に沿う形で刊行誌を『菓糧』と改称したが、終戦後の昭和二五年一月に元の『製菓製パン』として復刊がなった。

なお、金子倉吉は特に和菓子に造詣が深く、『和菓子グラス』(昭和一五年)、『和菓子大系・菓業講習録和菓子全科』(一九五三年、一九六五年)、『花も美ぢ』(一九五四年、一九六六年)、『新しい製餡』(一九五七年、一九六七年)等、個人的にも多くの著書を残し、かつ他分野にも長じ、菓業界初の本格的ジャーナリストとして一貫して主幹として活躍し、製菓製パン業界にたくさまざる論陣を張った。

その意志とＤＮＡは子息・金子嘉正に、そしてその長女・金子恵理子にしかと受け継がれている。

大衆文化資料コレクターにして稀代の博学者、『日本洋菓子史』の著者

池田文痴庵《いけだぶんちあん》

一九〇一年〜一九七二年

博識学者。大衆文化資料コレクターとしても知られている。日本洋菓子協会より『日本洋菓子史』という大書を出版する。本名は池田信一。

明治三四年東京麻生森元町に生まれ、明治薬学専門学校卒業後、海運造船廠を経て、森永製菓に勤務。社史編纂のかたわら、東京高等製菓学校で教鞭をとり、校長も務める。

●『日本洋菓子史』を発刊

池田文痴庵は、生まれながらにして雑学が大の趣味と自ら語るように、何にでも好奇心を抱き、また〝今あって明日なくなるものの命永かれ〟の信念のもとに、ありとあらゆるものに蒐集の情熱を傾けた。

大正一二年の関東大震災を機に、ともすると失われかねないものに対する哀惜の念からか、まだ手を伸ばせば届くところにある江戸時代あたりからの大衆文化資料のコレクションを始め、またその一方で『冥福』なるタイトルの個人誌を出版。そうした趣味の雑学が高じて、池田文化史研究所を立ち上げ、一貫して庶民文化の研究にいそしむ。

その活動の一端として、『キャラメル芸術』、『森羅万象録』、『羅毎連多雑考』（ラブレター・コレクションの本）等々を著わすが、その中の一書『日本洋菓子史』（日本洋菓子協会、昭和三五年刊）は、特筆に価する労書・大書であった。一一二八ページにもわたるもので、その始まりは神代にまで遡り、大航海時代の世界の広がりから西洋菓子伝播の歩みを捉えていく。そして織豊時代の少年使節や宣教師等によって伝えられた南蛮菓子を訪ね、幕末と日本の夜明け、消えゆかんとする明治、大正、昭和前・中期の製菓業界の有り様を詳細に書き留め、証言を記録し、今日につなげている。

●稀代の博学者の功績

この全編を通して、およそわが国の菓業界に関わるすべての人が協力を惜しまず、情報を提供し、資料を持ち寄り、参集幾度、池田文痴庵を囲む日本洋菓子協会の関係者たちが首を突き合わせてついにその大書を世に送り出した。時に昭和三五年、一九六〇年のことであった。この書き留め置く作業なくせば、おおかたが霧の彼方に消えていたことと思われる。その折の総指揮官が、かくいう並みはずれた好奇心と何ごとによらぬ蒐集への情熱を持ち合わせた稀代の博学者・池田文痴庵であった。

製パン製菓業界紙『パンニュース』社の創業者

西川多紀子《にしかわたきこ》

一九二三年〜二〇一三年

第二次大戦後の食料困窮時代、米の代用食でしかなかったパンの普及こそが国を救う道と心に決め、パンニュース社を立ち上げ、製菓製パン業界向けの機関紙『パンニュース』を発行。その後、一貫して業界の啓蒙と発展に全力。「パン食文化普及の母」と称されるほどの功績を残した。

●パンニュース社を立ち上げる

東京高等女学校を出た後、食糧学校（現・食糧学院）に進み、食との関わりが密になる。一九三九年より一九四四年まで、陸軍糧秣廠内糧友会に勤務。翌年終戦を迎える。そして戦後の一九四八年より粉食普及協会に勤務。当時は、食糧の確保こそが国民の最大の関心事であり、縁あって食に携わった西川のその後の人生は、この時点ですでに決定づけられていた。

それまではあくまでも米の代用食でしかなかったパンの普及こそが、国を救う道と心に決めた同氏は、一九五一年にパンニュース社を立ち上げ、製パン製菓業界向けの専門新聞の発行を開始した。

そもそも『パンニュース』紙は、一九四九年に大東京パン協同組合より発行された『東京委託パン協ニュース』から始まったもので、いわば同組合の広報であった。それが翌一九五〇年よりパン業界全体の広報紙へと目的が転換され、独自に設立された東京パンニュース社より『東京パンニュース』の名で、パン食普及およびパン業界全体の発展興隆を目的として再出発をする。それが一九五一年に、西川多紀子設立のパンニュース社に引き継がれ、『東京パンニュース』は『パンニュース』と改称され、再々出発の運びとなった次第。少々ややこしいが、ともあれそうした下地を経ての改めての刊行である。

●パンの海外研修ツアーを敢行

西川はまたパン食文化の普及に力を注ぐ一方で、同紙を通して製パン業界に関連する機械設備業界や原材料業界に的確な情報を提供していった。創業期にあった製パン製菓機械業界も、発信されるそうした情報を受けて充実を図り、今日の基礎を作り上げていった。

加えて一九五四年には、パンの神様的な存在とされるフランスのレイモン・カルヴェル氏をはじめとする外国人講師による国際製パン製菓技術大講習会を開催するなど、日本のパン食普及やその技術向上に努めていく。

さらには、その発展をより確かなものにするには、まずはパン文化の本場を見るところから始めねばならぬと思い立ち、一九五九年より海外研修ツアーを開始。この研修旅行はその後何と六〇余回に及び、およそ世界のパン先進国のほとんどを網羅するまでに至る。その企画立案のほぼすべてを西川自身が取り仕切って、毎回大盛況を呈し、また度毎に内容も充実していった。なお、このツアーには日本の製パン製菓業界の主だったトップが率先して参加し、またそれぞれが各々の幹部や技術者を派遣していった。

●パンについて多くの書籍を著す

続いて一九七〇年、「日本フランスパン友の会」設立に尽力。以降、社内に同友の会の事務局を置き、理事として活動を支援した。こうした献身的とも思える活躍に対し、一九七一年、フランス穀物協会よりシュヴァリエ章が授与される。

一九七八年には、さらに充実した情報を提供せんと、『B&C』誌を創刊。そして『パンニュース』、『B&C』の継続発行のかたわら『ヴィヴ・ラ・バケット』(フィリップ・ヴィロン著、野村二郎・野村港二訳)、『新しいパンの知識』(竹谷光司著)、『アメリカンベーカリー・デザートの世界・スタンフォードコートの製菓シェフが贈る優雅なデザート集』(ジム・ドッジ、イレーヌ・ラトナー著)、『ようこそパンの世界へ』(リオネル・ポワラーヌ著)、『ドイツのパン技術詳論』(オット・ドゥース著)等々、多くの書籍を世に送り出している。

●パン食文化普及の母として

二〇〇三年、今度はフランス共和国政府より、フランス農事功労章オフィシエ勲章が授与されるが、しばし後の二〇〇五年、病魔に襲われて闘病生活に入り、二〇一三年永眠。

一九七〇年代初め、フランスやスイスでの製菓修業を終えて独立開業した筆者の言動が、業界の先輩方に少々生意気っぽく映ったらしい時があった。そうした折、

「周りから何を言われても大丈夫。気にしない気にしない。自分の思った道を進めばいいのよ」

と、西川氏から優しく励まされたことがなつかしく思い出される。筆者も含め、そうした助言にどれほどの人が救われたことであろう。

顧みれば同氏の一生のすべては、パン食文化の普及と製菓技術の発展向上および後進の育成に捧げられたといっていい。またその行動力を兼ね備えたジャーナリストとしての熱き活動は、製パン製菓を含む食文化の世界に深く刻まれ、この先も永久に消えることなく語り継がれていくことであろう。

〈原材料によるサポート〉

乳製品生産の先駆者
および中沢乳業グループ創業者

前田留吉《まえだとめきち》と中澤惣次郎《なかざわそうじろう》

前田留吉　一八四〇年～不詳
中澤惣次郎　生没不詳
日本における乳製品製造の先駆者。

●乳製品の国産化

南蛮菓子ならぬ近代洋菓子を手がけるにあたっては、乳製品は絶対の必需品である。牛乳、生クリーム、バター、チーズ等々、どれが欠けても現代のお菓子作りは支障をきたす。この先のそんな需要をどこまで洞察していたかは分らないが、いち早く大胆に牧場経営に手を染めた人が何人かいる。

まずは、千葉県長生郡で農業を営んでいた前田留吉なる人物をご紹介しよう。

彼は文久元（一八六一）年に横浜に出て、スネルという名のオランダ人のもとに勤め、そこで搾乳法と牧畜法を身につける。時代の変化、食生活の変貌を感じ取った彼は、慶応三（一八六七）年、横浜大田町五丁目、現在の中区山下町に土地を求め、房州産の牛を購入して牧場経営に着手し、牛乳の販売を始めた。この種の販売店としては邦人第一号ということになろうか。そしてその後どうせやるならと、東京芝新銭座に活躍の場を移す。記録によると明治二年からの二〇年間に、途中同業に加わって麴町区飯田町に牧場を開いた甥の前田喜代松の分と合わせて三二〇頭の乳牛をアメリカから購入したというから、生半可な規模ではない。

続いてもうひとり。この前田留吉とほぼ時を同くして、同じように日本の食生活の変化を鋭敏に感知した男がいた。兵庫県屏風を出身地とする中澤惣次郎という男である。御一新なった江戸改め東京に、全国各地より青雲の志を持った人々が集まってくる。同氏の父君もそうしたうちのひとりだったようで、割と気が早く明治になる前にはすでに息子惣次郎を含む一家で江戸に移ってきた。

洋食の時代がやってくる

「時代は変わる。生活も変わる。そうだ、これからは洋食だ……」というわけでここで素直に洋食屋でも始めれば普通のエライ人なのだが、彼の場合もそうじゃない。洋食には牛の乳やら、それから作るバターやクリームとやらがつきものと、先ずは牛を飼うことを思いつく。前田氏同様この辺りが何ともダイナミックである。また思いついたら行動も早い。またたく間にさまざま工面して、現在の新橋駅から汐留あたりにかけて、あっという間に牧場を作ってしまった。時に慶応四年、明治元年、前田留吉が横浜で立ち上げた直後、東京移転前のことである。よってこちらは東京での牧場第一号ということになろう。

牛もこれまでの和牛では不充分として、イギリスからホルスタインを輸入するという当初よりの本格派である。前田氏もそうだが、大変なことなのだ、この時代に酪農をやろうなどと考えるのは。後々それが国民の食生活、体軀向上を根底より支える業態に発展するだろうことなど想像もつかない時代の話である。

●新橋に牧場をつくる

この後ほどなく鉄道が敷かれたりで牧場は京橋小田原町、広尾、さらには目黒競馬場横へと度々移転を余儀なくされ、明治末年ようやくにして、本店を同社発祥の地たる新橋烏森に設け、腰を落ちつけることができた。

しかしながらその店も大正一二年に起こった大震災で灰燼に帰すなど、日本の歴史と社会現象に歩調を合わせた曲折の道を歩んでいく。それでも事業のほうは、かの鹿鳴館の頃よりの洋食ブームにのって需要も高まり、また西洋人との接点も多いホテル関係や洋食屋、一部の進んだお菓子屋からの引き合いも日増しに増えていったという。

大正一四（一九二五）年には、積極的に洋風化を推進する松方正義侯爵の肝煎りで、日本初の畜産に関する中央団体が作られ、まっ先に惣次郎は主要委員に選任された。

モボ、モガの流行ったこの時代、同氏を含めた同業各社こぞって力を合わせた結果もあってか、喫茶店をしてミルクホールと呼ばしむるほどに、牛乳が社会生活に浸透していった。また技術的には、それまでは牛乳の上に浮いてくる乳脂より細々と作っていた生クリームやバターも、震災後には最先端を行くべく、大正一三年に輸入されたアメリカのデラバル社製の遠心分離機を用いて作り出したり、さらには昭和二年に新橋にミルクプラントを建設し、従来の高温殺菌を覆して、味、栄養分を損わぬ低温殺菌による牛乳生産システムを開発するなど、常に品質向上につとめていたという。

●中沢フーズ、中沢グループ

この惣次郎こそが、今日までの我が国の洋菓子界を支えて久しい中沢乳業、中沢フーズ等、中沢グループ各社の始祖である。我が国の食文化の充実は、乳業メーカー各社の努力あってのことは今さら申すまでもないが、特に洋菓子界、ホテル業界、西洋料理界においては、同社の尽力絶大なるは誰れしもの認めるところであろう。それにしても喧噪渦巻くあの新橋駅前、汐留付近に、激しく燃える明治の男の夢とロマンをかけた、それでいてのどか極まりない牧場があったとは誰が信じられよう。せわしく行き交う車を前に、そのことを想いつつ瞼を閉じると、思わず胸に熱いものがこみ上げてくる。

洋酒文化の啓蒙と普及の立て役者、ドーバー洋酒貿易創業者

和田泰治《わだやすはる》

一九三八年〜

日本にリキュール類を含む洋酒文化を広め、定着させた一大功労者。殊に洋菓子作りに欠かせない酒類に力を入れ、洋菓子文化の幅を広げ奥行きを深めた功績は特筆に価する。

●リキュールを日本へ

和田泰治は昭和一三（一九三八）年群馬県高崎市に、和田城城主（後に仏門に帰依）の二〇代目として生を受け、昭和三六（一九六一）年、日本大学商学部卒業後

モロゾフ酒造に入社。ところが仕事にも慣れ、業界事情もどうにか見え始めてこれからという入社八年目の昭和四四年三月、世の中に吹き荒れた不況風にさらされて、身をあずけ生命をかけた会社があろうことか倒産。否応なく人生の岐路に立たされた和田泰治は、さまざま思い悩んだ末、自らが選んだ酒の道はこれも縁と、全うすることを決断。半年後の一〇月には早くも酒類卸小売免許を取得し、ドーバー洋酒貿易株式会社を設立。同氏三一歳の時であった。

当時の日本はようやく長い眠りからさめ、銀幕のスターしか行かれなかった夢の海外旅行の道も、まだまだ高嶺の花ではあったにせよ開かれ始めた頃である。日本からも長年の遅れを取り戻さんと、若手製菓技術者や料理を究めんとする料理人たちが、満を持したごとくまなじり決してフランスへ、スイスへ、ドイツ、オーストリアへと飛び立っていった。そして本場の現地のお菓子作りの決め手となるリキュールの使い方を学び、食前酒の習慣に触れ、洋酒文化の奥行きの深さを知るところとなる。そうしたことを見越しての独立とあらば、その慧眼には畏敬の念を表さざるを得ない。

いろいろなリキュールをそろえて

たとえばお菓子作りにあっては、素材にオレンジを使った場合、味を整えるために必ずといっていい程、オレンジから作ったリキュールやブランデーを用いる。間違ってもラムなどは使わない。さくらんぼを使ったアントルメの場合には、必ずさくらんぼから作ったキルシュワッサーをもって味を整える。これらは言ってみれば当たり前の例だが、このキルシュワッサーというお酒はまことに便利で、洋酒の中ではその性格上比較的多くの果実類と合いやすく、この他にフランボワーズ（ラズベリー）やいちご、ブルーベリー、グロゼイユ、カシスなどの、いわゆる木いちご類からこけもも類、すぐり類などにもマッチする。さらにはトロピカルフルーツなどとも相性は悪くない。ただオールマイティーというわけでもなく、レーズンやマロンにはラムを使い、クルミの時にはコーヒーやクルミのリキュールが良いとされている。ただしこれらはあくまでも基本で、絶対これでなくてはならないと断定しているわけではない。が、いろいろ試しているうちに、こうしたなかにハーモニーを感じ取り、コンビネーションやセオリーが作り上げられていったのだ。

日本のお菓子作りにもっとも欠けていたそうしたことを知らしめるべく、和田泰治は一貫して各種洋酒類の輸入とその啓蒙に情熱を傾け、洋酒の程よく効いたパンチのあるケーキを求める我が国の製菓製パン業界、料理界の発展に尽力していった。特にさまざまなお酒類もさりながら、キルシュワッサーの本場のドイツから輸入したホンモノのそれに対する思い入れの深さもひとしおのものがあった。それゆえにか、キルシュワッサーはたちどころに日本の隅々にまでくまなく行き渡っていった。またそれらを含む諸々の酒類をもって、我が国の食文化並びに味覚の幅は飛躍的に向上し、かつ短期間にして欧米酒類先進国に遜色なきレベルにまで達することができた。

●日本独自のリキュールを

そしてさらには輸入のみならず、昭和五三（一九七八）年には新たにドーバー酒造株式会社を立ち上げるなどして、自ら製品の開発に乗り出し、新しい世界を切り開いていく。そこからは誰もが思いもつかなかった抹茶や柚子《ゆず》、紫蘇《しそ》、金柑、梅等といった和テイストのリキュールが生み出され、もって我が国の味覚文化の国際化に尽力貢献。その功績は遠く広く海外にまで及ぶところとなる。

かてて加えて、本業もさることながらそれとは別に、大手ビール三社の貢献者の参加を得て、軽井沢ブルワリーなる別会社を興し地ビール製造に着手するなど、自らのフィールドである酒類産業を通して地域社会に貢献。夢とロマンにあふれたその情熱は衰えることを知らない。

なお、業務用リキュールについては、世界各国の同業他社が、マーケットの変化により次々と撤退するなか、現存するのは同氏率いる企業のみとなっており、その経営手腕は世界の国々から注視されている。

甘味世界のさらなる充実を図るべく、洋酒文化の普及に命をかけた心熱き男、それがかくいう和田泰治である。ちなみに同氏の座右の銘は、御先祖の血を脈々と受け継ぐ「士魂商才」という。

表舞台で華やかなスポットライトを浴びる各種のお菓子や調理文化を、側面から支え続けてきてくれた、かようなる地道にしてたゆみなき努力に対し、おこがましい限りだが筆者より私的勲特等を差し上げたいと思うが……。

近代養蜂産業の立て役者、クインビーガーデン創業者父子
松田《まつだ》（小田《おだ》）正義《まさよし》と小田《おだ》忠信《ただのぶ》

松田（小田）正義　一九〇五年～一九七四年
小田忠信　一九五一年～
近代養蜂業を駆使し、特に甘味の不足した第二次大戦中は国家的プロジェクトに参画した、クインビーガーデンの創業者父子。

●はちみつを戦地に

明治三八（一九〇五）年、静岡県清水市に生を受けた松田正義は、成人して後東京市の建築課に奉職していたが、当時流行っていた結核にかかり、やむなく退職。

何か起業をと模索中、身体にいいとされるはちみつに惹かれてこの研究に没頭。一九三一年（昭和六年）に、蜜蜂群飼育（養蜂）を開始する。一九三六年、身体がすっかり癒えた正義は、いよいよ本格的にこれに取り組み、移動転地養蜂を始める。わずか一群で始めたものが、この時にはすでに五〇群に増えていた。

しかしながら時局は緊迫し、そのまま戦争に突入。ところがここに思わぬ展開が待っていた。はちみつに起因した国家的プロジェクトへの参画である。当時日本は満州国を建国しその維持運営と発展に力を注いでいた。そして同国を自立させるべく満州国五ヶ年計画なるものが打ち出された。そのなかには甘味の充足を目的とした養蜂業もしかと組み込まれていたのだ。それを生業としていた松田正義はすぐさま招かれ、内閣府技術院嘱託の任命を受けて活動の場を与えられる。満州に渡った松田は、株式会社東亜養蜂を設立。二五〇〇群をもって満州国の農業開拓の養蜂部門を請け負う。一方、国内においても甘味の不足は日を追って国民生活に暗い影を落していった。当然のことながら求める甘味の矛先は、人工甘味料もさておき天然素材のはちみつに熱く注がれていく。

●蜜ろうが魚雷に

加えて思いがけぬ需要も起ってきた。海軍において、発火性が少なく、かつ魚雷のすべりを良くする蜜ろうの需要である。蜜ろうとは、はちみつを採取する際に得られる副産物である。こうした諸々の需要に応えるべく懸命の努力を重ねていたが、時局はますます暗転、そして終戦。内地に腰を落ちつけた松田は、京都の公家で大納言の家柄の烏丸家の系譜を引く息女で、津田塾の英文学の教師をしていた小田美稲《よしな》と縁を持ち、同家に籍を移す。小田正義となった彼は、戦後すぐに日本養蜂協会の立ち上げに加わり、その後の人生も変らずはちみつ一筋の道を歩んでいく。一九五三年には世界に先駆けてローヤルゼリーの量産方式を開発し、日本において、その生産を、ひとつの産業として確立させる。翌一九五四年、戦前まで薬用および民間滋養食であったはちみつを食パンの普及に対応させるべく、テーブルハネー企画を立て、森永製菓より森永テーブルハネーを発売。これも日本初の試みであった。これまで、はちみつはそれ単体では民間薬や滋養食品として利用されることがほぼ全てであって、他と結びついて広がりを持つということはさしてなかった。よって彼の取る行動には、本邦初という言の葉が少なからず付いてまわる。

その後も一九五六年には清水市馬走にて日本初の王乳（ローヤルゼリー）生産を開始。続いて一九五八年北海道大樹町で同じく王乳の生産を開始。一九六一年、中外製薬と共同開発でローゼリー内服液を発売。一九六八年、森永ローヤルゼリー「ストロング」発売。同年農業組合法人クキンビーガーデン養蜂組合設立と、小田正義の意欲的活動は続く。

●小田忠信の活躍

さて、小田正義の後を引き継いだ子息の小田忠信も、父にも優るはちみつを含めた甘味文化一筋の人生を歩んでいく。一九八〇年には、生産蜜蜂五〇〇〇群をもって、国内産王乳生産量日本一となる。

また広い視野を持つ彼は外の世界とも積極的に結びついてゆく。まずは一九八八年、ウォルトディズニー・エンタープライズと契約を結び、世界で初めてキャラクターはちみつのウィニー・ザ・プー・ハネーを発売。続いて一九八九年の世界はちみつフォーラム東京開催にあたっては、大いに尽力してこれを大成功に導く。またその後はらでぃっしゅぼうや、ディック・ブルーナ・ジャパン等と契約を結んでそれぞれのキャラクター商品を生み出すなど、はちみつ文化の広がりに力を注いでいく。加えて彼は、ことはちみつにとどまらず、それ以外の天然甘味料にも目を向けていく。たとえば一九九五年には、カナダ・ケベック州のメープルシロップ生産者と直接契約を交し、日本の製菓製パン業界に本物のメープルシロップおよびメープルシュガーを紹介し、その普及につとめる。その延長線上で、二〇〇六年からは、日本の若い製菓製パンの技術者育成とメープルシロップ、メープルシュガー普及のために、メープルスイーツコンテストを全国的に開催し、以後毎年これを東京青山のカナダ大使館にて実施している。

●新しい甘味の開発

また二〇一四年には、メキシコに自社の出張所を開設し、同地の良質で純粋なはちみつおよびアガペシロップ、アガペシュガーの紹介を始めた。アガペとはメキシコ原産のリュウゼツランで、これから採れるシロップはオーガニックな甘味料として知られており、ダイエットやアンチエイジングの素材として、近年特に熱い視線を集めている。

その昔、砂糖のなかった時代、甘味の主役ははちみつであった。それが砂糖の広がりとともに脇役、あるいはともすれば裏方に回されてきた経緯がある。ところが戦時という物資困窮の場面に遭遇するや、再び表舞台に躍り出る。まさかそうした有事に備えて養蜂業を営んだわけでもないだろうが、かように地道に甘味文化を支えてきてくれた松田正義氏を始めとする多くの養蜂家の方々に対してこそ、我々は謝意を表さねばならないのではあるまいか。またその子息は、はちみつに軸足を置きながらもその枠を飛び出し、メープルシロップやアガペ等の紹介に大きな力を注いでくれている。こうした人たちがいる限り、甘味文化はまだまだ幅、奥行きともに大いなる広がりをもって発展していくことと思われる。

〈原材料問屋によるサポート〉

砂糖卸売業の先駆け、岡常創業者

初代・岡常吉《おかつねきち》

一八五三年〜一九四一年
日本の甘味文化を根底から支える砂糖商、現・岡常商事の創業者。

●近江の商法で砂糖を扱う

岡常吉の来し方足跡を顧みるに、同社の会社案内等をもってすると、以下の如くである。

江戸時代、砂糖はたいそう高価なもので、庶民の口にはなかなか入りづらいものであった。ところが明治の世になると海外より精製糖が輸入されるようになり、大量に流通するようになる。

明治初頭、近江日野村より上京した初代岡常吉は、〝これからは砂糖の時代だ〟とここに着目。明治一三年砂糖卸売業として東京日本橋に「岡常商店」を開業。商人としての第一歩を踏み出す。そして常吉は東京市中の菓子店に、加工が容易で安価な砂糖の卸しを始めた。質素倹約をモットーとし、奉仕を先にして利を後にするという「近江の商法」を守り抜き、常吉は日々商いに精進していく。その地道な努力は次第に実を結んで、得意先も日増しに増えていった。また納入先の菓子屋も、安定した形で納められる主要原料に大いなる力を得て発展。岡常商店もそれを起点に流通業としての地歩を固めていった。

●苦難を乗り越え、業務拡大

しかしながら、それから先の道のりは決して平坦なものではなかった。関東大震災では、普通なら売掛金の回収に奔走するだろうところを、「共に再建をすべき」との経営方針から新たな掛け売りを始めて評価を得るも、現実は甘くなく自社の運転資金に困窮する事態に陥ってしまう。また太平洋戦争においては、戦時の統制経済下でやむなく休業を余儀なくされ、結果資産のほとんどを手放す窮地に追い込まれた。そうした折にこそ、それまでの誠実な商いと培った信用が有形無形の力を与えてくれ、何とか家業の再開にこぎつけることができた。そしてそれを機に取扱い品目も、それまでの砂糖類に加えて小麦粉の販売にも着手し、商いの幅を広げるようになった。このことは自社の足腰を強くするとともに、納入先の菓子店や製パン業者、ホテル、レストラン等にも、大いに喜ばれるところとなった。ともに手を携え、ともに繁栄していこうという、これこそが近江商人の旨とするところであろう。砂糖の貴重であった時代より、その後の需要を誰れにもまして先に見越し、甘味文化の歓びを率先して庶民に届けけんとした近江の商人、岡常吉の創業者精神は、今も同社に脈々と受け継がれている。

総合製菓材料問屋の草分けたるサクライと、そのＤＮＡを受け継ぐひの一創業者

桜井源喜知《さくらいげんきち》と日野光記《ひのこうき》

桜井源喜知　一八八八年〜一九七〇年
日野光記　一九〇八年〜一九八三年
日本における本格的な製菓材料問屋であるサクライの創業者と、そのＤＮＡを受け継ぐひの一の創業者。

●甘味を支えるさまざまな材料

一口に製菓業といっても、それが成り立つためには実に多くの下支えが必要である。製菓業ゆえ、まずは各種の原材料の手当てから入らねばならない。ざっと見渡

しても砂糖、小麦粉、鶏卵、バター、牛乳やクリームといった乳製品、その他ナッツやフルーツ類、リキュール等の酒類、あるいは枚挙にいとまがないほどの副材料etc……。それらを度毎にいちいち各製造元あるいは販売店に出向いて調達していたら、とてもではないが仕事にならない。そうしたことを一手に引き受けてくれるのが製菓材料問屋である。ともすると日本の問屋制の是非について問われる場面も少なくないが、物流面から見るに実に合理的なすばらしいシステムといえる。特にシンプルな物作りはさておき、製菓業のような多岐にわたる原材料の調達においては、まさに必要不可欠な業態といってよい。

●日本の洋菓子を材料面から守る

そのあたりに早々と着目し、製菓製パン業界の下支えとなるべく起業したのが、ここにご登場願った桜井源喜知である。

洋菓子が定着し、さらに普及のきざしを見せ始めた大正四（一九一五）年、桜井源喜知は自らの名をそのまま名のった桜井源喜知商店を現在の東京港区西新橋の地に立ち上げた。

お菓子作り、特に洋菓子にはバターが必要と、その調達に動き、また輸入や国産のマーガリンおよび製菓製パン用原材料を取り揃え、その販売を開始した。同氏二七歳の時である。

当時、洋菓子は普及してきたとはいえ、まだまだ高級品であり、貴重品にして、一般庶民の口に常に入るというものではなかったが、こうした同氏の努力により、洋菓子を営む多くの店がその恩恵を蒙り、発展の道を歩んでいく。ところが昭和に入るや雲行きが怪しくなり、昭和二年金融恐慌、四年に世界恐慌。六年満州事変、七年上海事変と、事変の名を借りた戦争状態に入り、八年には国際連盟脱退と、そのまま一六年開戦の太平洋戦争へとまっしぐらに突き進む。戦時中は物資の統制により、洋菓子そのものがほとんど姿を消してしまったが、終戦後は進駐軍が運んできたアメリカ文化が国中に広がり、砂糖や小麦粉の統制解除がなった昭和二七年以降、各地に次々と洋菓子店が再興または新たに誕生していった。しかしながら本格的な洋菓子を作るには、いまだ材料が不足していた。

そうした動きを見越していた桜井源喜知は昭和二五（一九五〇）年、桜井源喜知商店を株式会社に組織変更し、陣容を整えて、洋菓子ブームの到来に備えた。そして戦後復興とともに息を吹き返す製菓業界を後押しすべく、さまざまな原材料を提供し続ける。昭和三〇年代の高度成長期を迎えるや、いち早く渡欧を敢行。どこにも先駆けてキルシュワッサーの輸入を行って製菓業界に衝激を与え、新しい風を吹き込んだ。その後も絶えることなく世界を駆け巡っては、日本にとって珍しくかつ必要と思われる材料を探し、紹介し続けてきた。平成四（一九九二）年、社名を「サクライ」に変更、現在に至る。

●材料問屋のリーディング・カンパニーとして

かように、桜井源喜知の興した同社は、常に製菓業界のレベルアップに貢献し続けてきた軌跡を持ち、それがゆえに製菓製パン業界におけるその信頼度の高さは、時移れど常に特筆に価するものがある。

なお、同社はこの分野のリーディング・カンパニーであるがゆえに、世にさまざまな人材、分身を輩出している。一例あげるなら日野光記《こうき》。明治四一年石巻で生まれた彼は一二歳で上京、桜井源喜知商店に入店。そして昭和五（一九三〇）年、港区元麻布の地に、製菓材料卸商・日野商店を独立開業。途中戦時の為休業するが、昭和二五年シベリアより復員後、東京目黒で再興。昭和五八（一九八三）年に没したが、同社は「ひのー」と改称しながらも盛業中。

余談ながら、筆者独立して間もない頃、見込み違いでだいぶ時間も遅くなった頃、材料が足りなくなってしまい、あわてて日野商店に、電話を入れたことがある。それを受けた日野のオジイチャンこと日野光記氏に、こっぴどくお叱りを受けた。

「あんたね、そんな注文の仕方してちゃダメだよ。電話さえかけりゃ何とでもなると思ったら大間違い。今何時だと思ってるんだい。あたしゃもう店を閉めて帰るとこだよ。でも、しょうがないなあ。わかった、わかった。とにかく困ってるんだね。じゃあ、その品物は戸の外に出しとくから、あとでいい時に取りにいらっしゃい。今度から注文はちゃーんとするんだよ。いいね、わかったね」

平身低頭、平謝りのうえで急いで取りに行ったら、店の外に注文品がちゃんと揃えて出されてあった。

今時そんなことを諭し、叱ってくれる人などどこにもいない。あの一徹にして実直な中に持つそこはかとない温かさは、きっと現・サクライ創業者、桜井源喜知氏より受け継ぐ確たるＤＮＡに違いないと今も思っている。

総合製菓材料問屋の雄、池傳創業者

池田傳三《いけだでんぞう》

一九二三年〜一九八五年

製菓製パン業界にあって、イケデンの名を知らぬ者なきまでに、その原材料問屋業を確立せしめた池傳の創業者。

●材料が足りない

昭和二三（一九四八）年、第二次世界大戦の余塵くすぶるなか、池田傳三はいち早く東京港区新橋に、自分の苗字を屋号とした池田屋を創業して、製菓材料問屋業を始めた。通常の食糧さえまだ満足に行き渡らなかった当時だが、それでも復興の槌音は高く、人々の暮しには希望の灯りが見えていた。そうしたなか、池田傳三の興した池田屋は、その頃貴重このうえもないココアやチョコレートといった品々を米軍関係から入手するなど、乏しい菓子作りの原料をかき集めた。そしてそれをもって、甘い物に飢えていた人々に安らぎを届けんとする菓子店の後押しをする。それらの納入を受けるお菓子屋もまた大変であった。原材料のおおかたは闇市を通じれば何とかなるにしても、それに頼ってばかりでは商売にならない。とにかく考えられるあらゆる手立てをもってやりくりしていた。不肖筆者の家も菓子屋であったゆえ、そうした状況はおぼろ気に記憶として残っている。それより何より作り手もいなかった。が、そのうちひとり帰りふたり戻りと次第に戦力も整ってくる。あとは材料さえ入手できれば、モノは作りさえすれば右から左に売れていく。

●戦後復興の一翼を担った池傳

そのあたりを含めた当時の原材料状況を時間を遡ってみてみよう。昭和二〇年終戦となるが、同年早くも製粉工業の操業が再開。二一年、人工甘味質取締規則が改正され、サッカリン、ズルチンの使用が許可される。二二年、パン類の切符制配給開始、砂糖の一般配給開始。二三年、食糧品配給公団発足。小麦粉、パン、麺は公団扱いとなる。二四年、水飴の統制が解除。菓子の公価改定。ジャム、水飴、ブドウ糖が自由販売となる。二五年、練粉乳の統制解除。菓子類価格統制解除。二六年、小豆の統制解除。そして昭和二七年、待望の砂糖、小麦粉の統制が解除され、洋菓子業界もいよいよ動きが活発になる。

そうした状況下に、かくいう池田屋は創業したのだ。同社はまさに戦後復興の一翼を担って余りある多大なる貢献を果たした企業といえよう。そして昭和二六年二月、池田傳三は、自らの苗字と名前を短くもじって、株式会社池傳と改称。雄々しく立ち上がっていこうとする菓子店の強力なサポーターとしての役割を果たしていく。

その後、同社は直接的な原材料のみならず、包装資材等にまで扱い品目を広げ、製菓製パン関連材料の総合卸問屋として充実を図り、東京に続いて名古屋、札幌、福岡、大阪、新潟、熊本、仙台と、全国をカバーする、我が国を代表する企業に成長を遂げていった。

焦土と化した現実を目の当たりにしながらも、これからの甘味産業の発展を感じ取った池田傳三の目に狂いはなかった。今や我が国は、押しも押されぬスイーツ大国となり、その分野での世界の指標のひとつとされるまでになっている。そして今日、それらに必要な原材料は世界の各地から日本に届けられている。そうしたところにしかと軸足を定め、その発展を支える大きな力となってくれている総合製菓材料問屋の確たる一社が池傳であり、その創始者が池田傳三である。

総合製菓材料商社の雄、イワセ・エスタ創業者

岩瀬正雄《いわせまさお》

一九一七年〜一九九五年
製菓材料商社の雄で、イワセ・エスタの創業者。

●コンデンスミルク

戦後の混乱期のさなかの昭和二二（一九四七）年、大阪において岩瀬正雄は、岩瀬練乳大阪営業所を立ち上げる。終戦直後の物資困窮当時、製菓業を営む食品関係にとって、否、社会全体にとっても、乳製品は貴重このうえないものであった。

たとえば栄養不足により母乳の出にくい母親にとっても、常温で流通可能な練乳、コンデンスミルクはことのほか貴重品であり、必需品でもあった。またコーヒーに入れるミルクやクリーム代りにもコンデンスミルクは便利に使われ、かき氷にあっ

ても上からそれをかけたものは極上品であった。筆者のうちも子供の頃まで、コーヒーには必ずこのコンデンスミルクを添えてお客に提供していた。今でも何かの折にこれに接すると、戦後の生活や街中の様子がありありと脳裏に浮んでくる。とにかくそれほどに当時の乳製品の右代表のような存在が練乳だったわけである。こうした要望をいち早く察知した岩瀬正雄は、求められる練乳を中心とした食品卸問屋を興したのだ。

●製菓、製パン、レストラン業の強い味方

同社はその後、日本の復興とそれに伴う製菓製パン産業の伸展とともに順調に発展し、昭和三〇（一九五五）年、岩瀬商事株式会社と改組。製菓材料商社としての陣容を整える。そして高度成長期の洋菓子業界を支え、その発展充実に大きく寄与していく。平成三（一九九一）年にはCI（コーポレート・アイデンティティー）を導入し、社名もそれを機にイワセ・エスタと改称。支店網も大阪、東京、神奈川、千葉、埼玉、神戸、名古屋、岡山、栃木と広がりをみせる。今や総合食品商社として成長した同社は、製菓製パンレストラン業を含む食品業界の大きな後ろ盾となってくれている。なお、加筆させていただくに、同社の活動は、ことそこに留まるこ

となく製菓業に不可欠なアーモンドにあっては、その加工会社として「横浜ナッツ食品」を、りんごにあっては、その加工会社の「つがる食品」を興すなど、単なる原材料調達の域を越え、一歩踏み込んだ形で、製菓業界を支え、強力なるサポーターとして内と外から手を貸してくれている。

〝さらに信頼される企業をめざして、たゆまぬ努力を〟の同社の標語、スローガンが、岩瀬正雄の興したイワセ・エスタの、来し方行く末のすべてを物語っている。

総合食品卸商社から川下産業までを貫く、キタタニ創業者父子

北谷市太郎《きたたにいちたろう》と英市《えいいち》

北谷市太郎　一九二三年〜二〇一〇年
北谷英市　一九四七年〜
和歌山という地方都市から起業した製菓材料を含む総合食品卸商社、キタタニの創業者。

●近畿圏の甘味文化を支える

昭和二四（一九四九）年、和歌山において、北谷市太郎が製菓を含む食品問屋として、北谷商会を創業。この時蒔いた小さな種が、後々それぞれ特徴を持ついろんな色の花を咲かせることになる。

その後、曲折を経ながらも、世の中の発展に歩調を合わせるかのように、まま順調に成長していく。と、こう書くといかにも順風満帆に進んだかに思われようが、実のところは大変な努力を要した。何となれば、関西、近畿の首都圏は何といっても大阪。範囲を広げても京阪神といわれるように京都、神戸までで、和歌山はあくまでもそのはずれの地にあり、その首都圏からは距離も離れていれば人口も少ない。そのなかで首都圏の企業と伍していくのは大抵のことではないが、それでもそのビハインドを逆にバネとして、首都圏をも凌駕すべく、近畿圏の甘味文化を支えて、企業を確たるものとしてきた。それは市太郎の温厚にして誠実な性格が、取引先となるべきお菓子屋、パン屋、ホテル、レストラン等に絶対的な信頼を勝ち得たからに他ならない。

●北谷英市が業務拡大

平成九（一九九七）年、さらに飛躍せんと社名を株式会社キタタニと改称。同時に同社を引き継いだ子息・北谷英市は、父にも増して温厚ながら商いに関しては煮えたぎるほどの熱い情熱をもって、次々と新しい事業を展開していく。先ず彼は同社を引き継ぐと同時に、それまでの原材料の卸しとは別に、製菓製パン用器具および原材料の小売専門店「C&Cワカヤマ」を開業。次いで二〇〇四年に神戸スイーツハーバーに製菓材料器具店「パティスリ」を開設。続いて翌二〇〇五年神戸元町にフランス菓子店「モンプリュ」を開店。二〇〇八年、地元和歌山に研修所「スタージュ」開設等々矢継ぎ早に手を打っていく。人口が少なく納品先の菓子店も少なければ、外へ打って出ればいい。それも単一業種ではなく、お菓子という基軸はひとつにしながらも、いろいろな形態の花を咲かせてみよう。そうした思いが、まるで魔法のように彼の手から、次々と形となって解き放されていった。製菓材料機器の卸しから小売り、そしてエンドユーザーの自前の洋菓子店、そして講習会場にもなる研修所までの、いわば川上産業から川下産業までを単独でつないでしまったのだ。本業はもとよりその周辺の甘味事業を次々と展開していった、この一見、ダイナミックに見える緻密な戦略は、首都圏以外の地で営む商いの、ひとつのモデルケースといってもよく、またどのような条件下にあっても食文化の向上に貢献を果たしていけることを如実に示してくれる好例ともいえようか。

●ゼンカチュウの理事長として甘味文化を支える

なお、同氏は、その手腕と人望から、全国の製菓関連の食品問屋の団体である

「全国製菓厨房機器原材料協同組合」（通称ゼンカチュウ）の理事長に推されてそれらを束ね、日本の甘味文化を根底から支える重責を担っている。

ちなみにその加盟企業は以下のごとくである。熊谷商店（旭川市）、フジヤ田中商店（札幌市）、元木商店（青森市）、元木商店弘前店（弘前市）、元木商店八戸店（八戸市）、柴田原料（山形市）、二丸屋山口商店（会津若松市）、二丸屋山口商店郡山営業所（郡山市）、渡森（新潟市）、渡森上越営業所（上越市）、秀和産業（浦安市）、松下商店（松本市）、平出章商店（浜松市）、きくや（名古屋市）、泉商事（金沢市）、カリョー（敦賀市）、京都麻袋（京都市）、キタタニ（和歌山市）、大阪屋商事（大阪市）、田口彦商店（米子市）、松山丸三（松山市）、シーエスシー（徳島市）、丸三（南国市）、古賀食産（佐世保市）、古賀食産長崎店（長崎市）、マチダ商事（鹿児島市）、名城（浦添市）。

北谷英市率いるキタタニは、北から南までをカバーするこれらの各社と力を合わせ、今日もこれからも日本の甘味文化を微細を穿って支えていく。

〈業務用機器でサポート〉

日本初の電気オーブン・清水式ベスター号製作者

清水利平《しみずりへい》

一八九二年～一九六五年

国産初の電気オーブンを作り上げた電気の専門家。

●電気オーブンの開発

大阪の船場に生まれ、東京の菓子道具店・瀬村に入店。後に独立して清水電機製作所を興す。

彼はフランスでの製菓修業を終えて帰国した門倉国輝（コロンバン創業者）の指揮のもと、試行錯誤の末に何とか電気オーブンを作り上げる。門倉氏曰く、

「向こうで使っていたものを見よう見まねで電機屋と取り組み、ニクロム線を配してそれらしいものを完成させたんだけど、いやぁ往生したよ。なんたって誰も知らないいんだから」

と、筆者に述懐していたが、その電機屋というのが、かくいう清水利平であった。日時については不詳だが、昭和四年の電動ミキサーよりいくらか前というから、大正末期から昭和に入ってほどなくの頃と推察される。それまではカマに薪をくべ、火加減を調節しながら焼かねばならず、ゆえに器用不器用も含めた個人の能力差がでたり、仕上がりにムラがでたりし、またそれがために名人技が競われたりもした。しかしながらこの出現により、まだ今日のように完璧に近いものではなかったにせよ、焼き上がりが驚くほどに平均化され、製菓業のレベルが一挙に向上した。

●清水式ベスター号

清水製作所と改称された同社の作るオーブンは、清水式ベスター号と名付けられ、生みの親の門倉国輝率いる銀座コロンバンをはじめ、銀座不二家、京橋や両国、銀

座といった凮月堂各店、文明堂各店、新宿中村屋等々、多くの菓子店がこぞってこれを導入し、その恩恵を蒙った。勘と経験に頼っていた製菓業の近代化への第一歩がこれによって踏み出されたわけである。いずれはこうしたものが生まれたにせよ、今日あるスイーツ業界は、この清水利平の存在と残した業績を忘れてはなるまい。

ところで〝清水式ベスター号〟というこの名の由来については、新しもの好きであり、かつ博識家としても知られていた淡路町凮月堂当主、二代目穂積峯三郎の命名によるもので、ギリシャのカマドの神ヘスティアと同一視されるローマ神話のVestaからとったという。

●昔気質の心熱き律儀な人々

なお、清水製作所の下請けとしてオーブン作りに携わっていた佐藤定雄という人が、昭和二一年に独立して文化電機という会社を興し、清水利平の意志を引き継いでオーブンの製作に励み、以て我が国の戦後復興期の製菓製パン業界を支え、その後の発展に導いていった。

その文化電機は昭和後期にその使命を果たし終えたとして解散するが、手がけ納められたオーブンは、その後も長く各所で菓子作りの中枢を担わなければならない。

よってその後も同社のスタッフたちが集い、文化電機サービスという会社を立ち上げて、しばらくの間、同社製・他社製を問わぬ同システムのオーブンのメンテナンスを行い、製菓製パン業界の製作現場のフォローをし続けていた。このあたりに、清水利平に始まり佐藤定雄に引き継がれた、ただ売ればいいというだけではない昔気質の心熱き律儀さを強く感じはしまいか。

なお、同時代に佐々木製作所という会社も作られ、同社のオーブンもまた清水式ベスター号ともども業界を支えてきたことも、ここに追記しておきたい。

●オーブンは菓子職人の魂

オーブンの耐用年数というものは大変長く、いまだに当時からのものを大切に使用している製菓製パン業者も少なくない。そしてそれでも新しく買い替えなければならぬ時、引き取られるオーブンを前にしみじみと、剝げて凹んで黒光りした鉄肌をさすりつつ、「これには本当に世話になった。ちょっと待ってくれ。これだけは置いていってくれないか」といって型式や製造番号の打ってあるプレートを取りはずし、手元に残す人も少なくないとか。恥ずかしながら筆者もそのクチである。

家庭でも台所、カマドには荒神様という神様が宿るという。菓子屋にあっても同じこと。長年苦楽をともにした製造の根幹たる火の元に対する思いひとしおのものがあるのは当然のこと。たかがオーブンなどと軽んじてはバチが当たろう。ここにはお菓子やパンの作り手の魂が込められているのだ。

●オーブンの進化と、その根源の変わらぬ心意気

そのオーブンだが、戦後から昭和四〇年代まではそうした形式のものが主流を占めてきたが、その後の進歩には目を見張るものがある。気密性究極にしてハイテクを駆使した先端機種や遠赤外線使用のもの、あるいは場所を取らずに棚にテンパンをたくさん差し、そのまま一度に大量に焼くことのできるラック式、熱の伝え方も上下の天火式と異なる熱風吹き付けのコンベクション式、電気ならぬガスオーブン、あるいはセントラル・ヒーティング式に一ヶ所で熱したオイルを管で流し、その熱で焼き上げるという、一酸化炭素をいっさい出さない地球環境にやさしいタイプ。さらには数メートルから数十メートルに及ぶ大量生産に適したトンネル式に至るまで、用途に応じて変幻自在に対応してくれている。時代は確実に変っているが、それらすべての根元に、菓業界の近代化の扉を開くことにすべての努力を傾注した、清水利平という心熱き一人の電機屋がいた。

日本初の電動ミキサー製作者、関東混合機工業創業者

林《はやし》 正夫《まさお》

一八九八年～一九七五年

菓子製造に不可欠な電動ミキサーを日本で初めて開発し、作り手を重労働から解放せしめたエンジニア。

●電動ミキサーの開発

林正夫は、大正七（一九一八）年、東京板橋区本蓮沼に林製作所を創設し、製菓用機械器具の製造を始めた。和菓子の世界に迫る勢いで洋菓子が伸び、甘味文化の一角に確たる市民権を得ていく時代である。世の中が成熟していけば、心に安らぎ

をもたらす甘い物の需要はもっと増える。よってそれを商うお菓子屋もさらに充実していく。この道は間違いない。そう確信した林正夫の読みは正しかった。街場にも洋菓子店の数が増え、その内容も日増しに充実していった。一方では森永、明治、不二家といった企業が拡大路線を押し進めていく。大正ロマンといわれるほどに、国全体がゆとりを持ち始め、街にはモボ、モガと称するモダンボーイ、モダンガールが闊歩して西洋文化を楽しむようになっていった。

さて、そうしたゆとり文化を受け止める側のお菓子はどうであったか。実のところ増える需要に対し、体力勝負で挑まねばならない。その最たるものが攪拌作業である。これを何とかしない限り、お菓子屋はこれ以上は立ちゆかない。そう思っていた矢先の大正一一年、フランスでの製菓修業を終えた門倉国輝が帰国した。後にコロンバンという菓子屋を興すことになる彼は、かの地の最新情報を携えている。先ず清水利平という電機屋と組んで、見よう見まねで電気オーブンを完成させる。これによって多くの菓子屋が、窯に薪をくべて、その火加減を見計らって焼き上げるという作業から解放された。続いては製菓業最大の課題の攪拌、泡立て作業である。林正夫は菓子型鋳造という仕事の縁で、門倉国輝と出会いを持ち、彼の指示に従い、またオーブンを完成させた清水利平の指導を仰ぎ、研究に没頭。昭和四（一九二九）年、ついに国産初の電動ミキサーの製作に成功した。

●ミキサー開発秘話

同年、同社は林鋳工所と改称して、甘栗機械を完成させていたが、その工場内にて完成させたそのミキサーの製作・販売を開始する。それまでは述べたごとく、サワリと呼ばれる大きなボウルに入れた種を、職人が泡立て器をもって掛け声とともに代わるがわる攪拌していた。現当主の林孝司氏によると、初期のものはどうやらイギリスのリード社のものにならって作られたらしいというが、ともあれこのことにより、どれほどの製菓人が助けられたことであろうか。

その同社は、昭和二四年に、ミキサー専門メーカーを目指し、関東混合機工業として改組、改称し、製菓業界を支えゆく。

なお、同社創業者の林正夫は、昭和四二（一九六七）年、その功績により藍綬褒章を受章している。

●社会のニーズの一歩先を

その後の同社の足取りをみてみよう。一九六八年、欧風パン生地専用ミキサーを開発。八三年、安全衛生を規範としたＨＣＣＰ対応型ミキサー開発。八八年、高度真空ミキサー開発。九一年、イタリア・サンカシアーノ社と販売提携。またスパイラルミキサーの輸入販売を開始。九四年、ＰＬ法に従い各機種をモデルチェンジし、安全装置を標準装備。九五年、フランス・ＶＭＩ社と販売提携、並びにイタリア・グランディ社と販売提携、九九年、ヘッド昇降型ステンレス製縦型ミキサー開発。二〇〇一年、世界初の冷却式スパイラルミキサー開発。二〇〇八年、世界初の可動軸式スパイラルミキサー開発。等々ここに書き切れないことも含めて、その研究開発は、常に社会のニーズの一歩先を歩んでいる。そして二〇〇九年には、林正夫の子息・孝司現当主も藍綬褒章受章。親子二代にわたる褒章受章は、菓業界はおろか社会的にみてもまことに希有なことであり、同社の果した貢献度の高さがどれほどのものであったかが偲ばれる慶事である。

ミキサーおよび食品機器のオーソリティー、愛工舎製作所創業者

牛窪平作《うしくぼへいさく》

一九一〇年〜一九七三年

一〇年毎にラップを刻んで飛躍をとげていく製菓製パン用ミキサーおよびオーブン等食品機械の製造販会社の雄、愛工舎製作所の創業者。

●かき氷機「白鶴」「ヨット」「ペンギン」

明治四三（一九一〇）年、埼玉県蕨市に生を受けた牛窪平作は、昭和三（一九二八）年に米、醤油、日用雑貨等を扱う牛窪商店を立ち上げる。今でいうコンビニエンス・ストアのはしりである。しばし後、新潟鉄工所に勤めていた弟の牛窪健蔵と

協力して、昭和五（一九三〇）年に牛窪鉄工所を創業。新潟鉄工所の下請けとして新たなスタートを切る。

昭和一五（一九四〇）年に会社設立後、当時流行っていたかき氷に着目して、氷削機の「白鶴」第一号を完成。続いて改良型の「ヨット」、「ペンギン」を発売。アイスクリームなどはまだ高嶺の花であった時代、かき氷は夏の庶民の何にも代え難い楽しみであった。この頃から製菓業との関わりができていった。ちなみに、この氷削機はいまだに使われているといい、そのモデルがテレビの人気番組の「開運！なんでも鑑定団」に登場している。

●すべての根源は食だ

ところで、翌年から日本は太平洋戦争に突入。そうなると環境は一変し、氷削機どころではなくなる。鉄関係の仕事はまさに国策産業である。同社は二四時間操業で国家に貢献。そして終戦。日本中が食べ物に困窮し、また米どころの東北地方の疲弊に心痛めた牛窪平作は、〝すべての根源は食だ〟と、耕作機械に軸足を移し、昭和二五（一九五〇）年、愛工舎と改称。だいぶ落ち着きを見せ始めた世の中を見据え、不足していた甘い物の充足を見越すや、いち早く製菓用ミキサーに着手してこれを完成。昭和二七（一九五二）年の砂糖と小麦粉の統制解除を受けて立ち上がっていく、製菓製パン業界の復興の大きな力となる。

●ミキサーAMシリーズとお菓子作りブーム

昭和三五（一九六〇）年、弟の牛窪健蔵を社長とした牛窪鋳造所を設立して、同ミキサーのAMシリーズを発売。昭和四五（一九七〇）年、本社工場落成と同時に、ミキサー界の世界的オーソリティーたるイギリスのケンウッド社と総代理店契約を締結。卓上型万能調理機ケンミックスシリーズの発売を開始する。

この頃より海外に飛翔していった若いパティシエたちが次々と帰国し、各所に新しい洋菓子店を立ち上げ、また百貨店等では実演コーナーを作って、作りたてのお菓子を提供。各家庭でも、台所が改造されてシステムキッチンとなり、そこでの手作りケーキがブームになっていく。そうした状況にこの卓上式はまさしくぴったりとフィットし、広がっていくお菓子作りブームを、根底から支える役目を担っていった。

●コンベクション式オーブン

こうした軌跡を見るに、一〇年毎の節目に成長の足がかりを作り、順調に発展していることが分かる。これを引き継いだ牛窪啓詞は、その流れをさらにダイナミックに加速させていく。

ちなみにその先を見るに、昭和五五（一九八〇）年、アイコー・インターナショナルを設立し、ドイツ・カールシュミット社と総代理店契約を締結。高性能な「ボクスパイラルミキサー」を発売して、製菓製パン業界に新風を吹き込む。続いて、平成二（一九九〇）年、上海に現地法人を設立し、また二軸式製菓専用ミキサー「スーパーツイン」や、粉合わせ用ミキサー「フォルダーミックス」を発売。加えてドイツ・ミベ社と総代理店契約を締結。今度はミキサーならぬ、均質に焼き上げるコンベクション式のオーブンを発売し、オーブン界にも新たな提案をする。さらに国内初の天然酵母発酵機「フェルメント」を開発。平成一二（二〇〇〇）年、自転公転可能なミキサーやＨＡＣＣＰ対応の安全ガード付縦型ミキサー、平成二二（二〇一〇）年、安心と安全、衛生を考慮した、洗浄可能なステンレスミキサーを開発するなど、常に高みを目指して研究を重ねる。

●一〇年毎にステップアップする夢の請負人

またその一方では、オーストラリアからオートベイクと称する、下から上に折り上がって焼成していく大型オーブンの輸入を手がけるなど、その活躍と発展は国内にとどまらず、広く海外にまで及んでいる。顧みるに同社の軌跡は、常に世の中のニーズを先取りし、ウォンツを見定め、いかにしたら業界の求める便利に応えられるか、ひいては世のために貢献できるかに軸足を置いての来し方であったといえる。それをまるで計ったように一〇年毎にステップを踏み続けてきていることに注目したい。そしてまたこの先の一〇年毎に刻んでいくであろう同社の、節目節目のステップアップを大いなる期待をもって見守りたい。製菓製パン業界の夢の請負人の確たるひとりが、同社を創業した牛窪平作であり、またそれを受け継ぐ現当主・牛窪啓詞でもある。

トンネルオーブンとライン化のスペシャリスト、マスダック創業者

増田文彦《ますだふみひこ》

一九二五年～

トンネルオーブン等の開発やライン化生産に力を注ぎ、多くの菓子店を企業へと脱皮せしめた、製菓製パン機械メーカーの雄、マスダックの創業者。

●全自動ドラ焼き機とトンネル式オーブン

昭和三二（一九五七）年、増田文彦三二歳の折、新日本機械工業なる会社を創業。いろいろと試行錯誤をくり返した後、二年後の昭和三四（一九五九年）に「全自動

ドラ焼き機」を開発した。これを足がかりにさまざまなタイプの直焼き機にトライして次々と完成に導き、また生地や種の充塡機から各種のオーブンに至るまでの製菓製パン機械メーカーのトップブランドに成長していく。

そのあたりを顧みるに、主だったものを取り上げると以下のごとくである。

まず、スタートのドラ焼き機に続いては、昭和三六（一九六一）年自動サンド機を開発。そして昭和四一（一九六六）年二月、トンネルオーブンラインの製造を開始する。このオーブンはまさしく時代の生んだ寵児といっていい。当時日本は、高度成長まっ只中にあり、百貨店の地下一階は名店銘菓の花盛りで、それまで一商店に甘んじていた和洋を問わぬお菓子屋も、多くのところが多店化の流れに乗り、企業へと脱皮していった。その主役となったものが乾き物といわれるお菓子類で、クッキーやパイ菓子、煎餅、あるいはある程度日持ちのする半生菓子類であった。

そして、その焼成の大きな力となったのが、かくいうトンネル式オーブンである。それまでのオーブンはテンパンを一枚ずつ差して焼いていた上下天火式で、少し進んでも回転式オーブン。これは狭い場所でも効率よく焼け、各所で重宝に使われていたが、これも中規模生産までが精一杯である。それに対してトンネル式は、成形したり充填したりした生地や種を入り口から入れると、設定した時間に従って反対側の出口から焼き上がって出てくる。スペースはそれなりに取るが、量産を求めるお菓子屋にとってこれほど強い味方はない。

このシステムの出現を、渡りに舟と多くの名店街に出店した店がこれを取り入れていった。その後次々と同オーブンの改良型も出るが、基本的にはその作りは変らず、今も多くの菓子店の生産を支えている。

●万能製菓機械で業界に変革

また、昭和五九（一九八四）年には、システム・ワンなる万能製菓機械を開発し、二年後の昭和六一（一九八六）年には日経年間優秀製品賞を受賞。翌昭和六二（一九八七）年には、中小企業向け自動化機械開発賞を受賞している。これは、作った生地をテンパンや型に的確に定量充填するもので、そのままオーブンまで持っていき焼成に入る。つまり、焼成前の段階の自動化である。これにも全国の多くのお菓子屋が助けられた。小さな農家にもコンバインが行き渡り、農業に携わる多くの人々が重労働から解放されたごとく、手間ひまのかかる手仕事を代って行ってくれるスグレモノである。

こうした数々の開発により、同社は製菓製パン機械メーカーとしてのトップブランドに成長。また多くのユーザーはその利用によって、商品の均質化と労働環境の改善を図れるようになった。

●数々の賞を受賞

こうした功績により増田文彦は、昭和六二（一九八七）年黄綬褒章を受章。平成六（一九九四）年に勲四等瑞宝章を受章している。

平成一一（一九九九）年に社業を引き継いだ子息の増田文治は、平成一九（二〇〇七）年に社名をマスダックと改称。文治率いる同社は、ユニット式充填成型機システムデポリーエボリューションⅡを開発するなどさらに前進し、平成二一（二〇〇九）年、文治は第五回埼玉ちゃれんじ企業経営者表彰・埼玉県知事賞、翌年第三九回機械工業デザイン賞日本商工会議所会頭賞等々、毎年のごとくさまざまな受賞の栄誉に輝いている。また、同氏の代になってより、果敢に海外に打って出るなど、さらなる事業の発展に取り組み、製菓製パンを含む食品業界全般に多大なる貢献を果たしている。物作りの重労働から従事者を解放せしめ、社会を豊かなものにするという増田文彦のＤＮＡは、確実に継承されている。

自動包餡機および製菓用ロボットの草分け、レオン自動機創業者

林《はやし》虎彦《とらひこ》

一九二六年〜

自動包餡機の草分けメーカー「レオン自動機」の創業者。この自動包餡機の出現は、和菓子業界に革命を起こし、その波は洋菓子業界をも席巻し、ついには世界のレオンへと羽ばたいていった。

●包餡機の開発

林虎彦について、奇跡ともいえるその来し方をたどってみよう。

大正一五（一九二六）年、台湾・高雄で精糖会社の技師長の三男として生まれ、

太平洋戦争後に日本に帰国。昭和二五（一九五〇）年に石川県金沢で、自らの名を付けた株式会社虎彦として菓子店を開業。和菓子作りの基本のひとつは餡と餅であり、その餅で餡を包んだり、また逆に餡で餅を包んだりもする。しかしながら、これがやっかいで、人によっては出来不出来やスピードもマチマチで、そこにこそ職人技が生きたり、名人技がもてはやされたりもする。

これを何とかせんと考えた林虎彦は、苦心の末、昭和三七（一九六二）年、R―3型包餡機という、自動で餡を包んでしまうシステムを完成。機械については技師長をしていた父親譲りのものがあったとはいえ、そのひらめきを形にして表わすということは並大抵のことではない。そして翌昭和三八（一九六三）年にレオン自動機株式会社を創立した。

●レオンの企業精神

なお、レオンなる社名については、流動学を意味するレオロジーに由来するという。同社の会社概要によれば、〝人間が掌の中で創り上げた文化としての食品の形は、実は外形だけでなく「おいしさ」を作り出している。そしてレオロジーとは、粘性や弾性の流動を解明する科学。また、レオロジカル・エンジニアリングとは、食品の口当たりや香りを秘めたデリケートな、天然の「おいしさ」の源としての粘性と弾性の条件を、巧みに位置転換して成形する食品の応用工学である〃と説明している。ここにこそ、今日の発展につながる同社の起業精神が込められている。

●和菓子も洋菓子も何だって包む

なお、この包餡機の登場は、述べたごとくそれまで手包みに頼っていた和菓子業界に衝激を与えたが、昭和四一（一九六六）年には、さらに進化させた包餡機105型を開発。和菓子のみならず洋菓子、否、広く食品業界全般に利用可能とあって、一九六七年には早くも輸出を開始した。

筆者が同型機に出合ったのもこの頃で、やっと饅頭包みができるようになった生意気盛りであった。こんな機械に負けてたまるかと、仲間と懸命に急いで競い合う。まともにやり合えばとてもかなわないが、当時の包餡機はトラブルも少なくなかった。途中で止まると、〝ほら見ろ、やっぱり手作りが一番だ〟などと嘯《うそぶ》くが、再び動き出すや、あっという間に追い越され、何人かかってもかなうすべがない。数年後、確か昭和四六（一九七一）年と記憶しているが、パリのポルト・ド・ヴェルサイユで開かれたアンテルシュックという国際見本市で、同社の包餡機が展示されているのに出合った。

担当者らしい人に話しかけると、

「へー、日本人ですか。で、こちらで修業を？　大変ですねぇ。えっ？　この機械ですか？　何も饅頭包みばかりじゃなく、ビスケット生地でだって具を包めます。ハイ、どんな具でも。先週はドイツで二台売ってきました」

などといっていた。

その頃、海外で働くのも確かに楽ではなかったが、日本のものを売って歩くなんてことも大抵ではなかったはずで、それを同社は既にやってのけていたのだ。先の見えないかの地での心細い修業生活を送っていた筆者のような者は、こうした邦人の活躍する姿から、言葉に言い表わせないほどの大きな力をいただいた。

●食品機械の国際企業として

続いて追ってみると、昭和四九（一九七四）年には、アメリカ・ニュージャージー州やドイツのデュッセルドルフに現地法人を設立。昭和五二（一九七七）年アメリカ・カリフォルニア州に工場を開設するなど、ダイナミックに海外展開を進めていく。また昭和六二（一九八七）年に東証二部、昭和六四（一九八九）年に東証一部に株式を上場するなど、順調に発展を続ける。ちなみに製菓機械関連での上場企業では、その第一号となっている。さらに同社はその歩みを瞬時もゆるめることなく、コンピューター搭載の包餡機「火星人」、多列包餡機「マルチコンフェクショナー」、高速分割包餡機「メガフェクショナー」等々、次々とアイデアを凝らした機種を打ち出し、製菓製パン業界の発展に寄与していく。

冒頭で記したレオンの社名の由来のごとく、林虎彦の起こした同社は、独自の哲学による開発技術によって、日本の和菓子のみならず、洋菓子はおろか世界の民族食の自動化に成功し、食品機械の国際企業として今も成長をし続けている。その功により、林虎彦は業界内外の数々の要職を歴任する一方で、紫綬褒章、藍綬褒章をはじめ、これまた数々の賞や章を受け、平成一七（二〇〇五）年には、旭日中綬章も授かっている。

マジパンカードおよびショックフリーザーの本邦への導入、コマジャパン創業者三兄弟プラスワン福島《ふくしま》功《いさお》、卓次《たくじ》、三津夫《みつお》と草野英男《くさのひでお》

福島　功　一九三八年〜
福島卓次　一九四一年〜
福島三津夫　一九四六年〜
草野英男　一九三三年〜

バースデーケーキ等に必需品のマジパンカードを日本に導入し、また、近代製菓製造に不可欠なショックフリーザーを率先して我が国に紹介し、導入した東美デコール（現・コマジャパン）の創業者三兄弟と伝説的サポーター。

●マジパンカード

大正二（一九一三）年、東京麻布に生まれた三人の父、福島健次が、昭和四三（一九六八）年、東京蒲田にスマトラ洋菓子店を独立開業。すべてはここから始まった。

一九七〇年、長男の福島功が、製菓修業を志して渡欧。ドイツのシュトゥッツガルトの「ベーカライ・リープ」というパン・菓子店に勤務した。そのときに同店で使っていた、マジパンカードという食べられる素材を薄く延ばしたプレートと出合いを持った。

それはたとえば、クリスマスの時であれば、あらかじめ「メリークリスマス」などと美しくかつカラフルに印刷されたそれを、ケーキに乗せるだけでクリスマスケーキになってしまう。お誕生日なら、「ハッピーバースデー」と印刷されているその下にクリームかチョコレートで、お客様の要望される名前を書き入れて乗せるだけでバースデーケーキができあがる。これは便利と、すぐさまそれを作っているリチャード・ギルバッハデコール社と、当時三〇〇万円もあれば家一軒買えた時代に、一〇〇万円もの大枚をはたいて技術提携を結び、帰国して後の昭和四七（一九七二）年、日本で初めてマジパンカードを発売した。

名入りのプレートを作ったり書いたりすること自体はさほど難しいことでもないが、日常の作業にあっての飛び入りのオーダーなどでは、けっこうな手間のかかる作業でもある。ところがこれさえあれば、パッと取り出してサッと書いてのせれば、あっという間に作業完了。その便利さはたちまち伝わり、日本全国の洋菓子店がその恩恵に浴した。

●ショックフリーザーの導入

それを機に長男・功は、同社を「東美デコール」と改称。お菓子作りの現場の悩みを解消するなり役立つことが、仕事に結びつくことを知った彼は、続いて昭和四九（一九七四）年、オランダのコマ社と提携してショックフリーザーの導入を行う。

ショックフリーザーとは、急速冷凍庫のこと。たとえば対象物にもよるが、三〇分以内に中心温度をマイナス八度ほどに下げるべく、マイナス四〇度前後の冷気を急速に吹きつけ、その後マイナス一五～二〇度ほどの状態で保存すると、たんぱく質の老化はほとんど見られないという結果が得られている。

つまり、お菓子内に微粒子で点在する水分が寄り集まる前に、凍結させてしまうわけである。

通常の緩慢凍結の場合は、この微粒子が寄り集まって大きな結晶となって氷結するため、解凍時には大きな結晶が溶け、周りの組織を侵してたんぱく質の老化を促進させ、味覚や食感を著しく劣化させていた。

このことの解決は、従来の〝冷凍ものなど云々〟の定評を覆すものであり、また捉えようによっては、作ってしばらく時間を経過したものを提供するよりは、できたてそのものを瞬間的に凍結し、できるだけベストの状態で供給することのほうが、かえって親切でもあるということがいえる。

●菓子職人の労働改善にも

また、鮮度面のほかにも、労働時間の平均化という利点がある。たとえば日持ちのしない洋生菓子を扱う洋菓子店などにおいては、当然、日によって販売量も異なるゆえ、その生産量もそれに応じて、就労時間や携わる人数にもバラつきが生じてくる。しかしながらこのショックフリーザーを導入することにより、生産の種類、個数、人員を調整し、その平均化を図ることができるようになる。残業時間の解消や余剰人員の確保からの解放など、多くのメリットを持つこのシステムの導入と活用は、洋菓子店経営にとっては欠かせないものとなっていった。

ちなみに大和貿易を興した木村浩祥も、同じ頃、オーストリアからイベックスというショックフリーザーを導入し、広く紹介している。この二者により製菓業界が受けた影響は、計り知れないものがある。なお、この木村浩祥についても拙筆及ばせたいが、紙幅に限りがあるため、残念ながら機会を改めたい。

●コマジャパンの国際貢献

ところで、お菓子の本場フランスで、一九八一年にミッテランが第二一代の大統領に就任した。社会主義政権の誕生である。彼は労働時間の短縮を訴えての当選ゆえ、各企業はその対応を迫られた。少量多品種を旨とするお菓子屋は考え抜いたすえ、ショックフリーザーの活用で活路を見出した。

たとえば、毎日全種類を作らず、数種類を一週間分作り、急速冷凍にかけて、毎日必要量を取り出し店頭に並べる。困ると何か考えるが、その行き着いた先がこの度はショックフリーザーの利用だったわけである。そのフランスの七年も前に、そのことを見越してか、その導入をこの二社は計っていたのだ。その慧眼には恐れ入るばかりである。

続いて一九九三年、同社は、次男の福島卓次に引き継がれてコマジャパンと改称。その販路を日本国内のみならず、韓国、台湾、中国およびその他の国々に拡大。洋菓子文化の向上と発展に尽くすとともに、そのショックフリーザーを含めた製菓製パン機器をもって、広く国際貢献を果たすところとなる。

なお、この福島功、卓次を支えた三男・三津夫および、この三人を助けて同社を揺るぎないものへと導いたコマジャパンの大番頭さんにして大看板でもある草野英男の活躍も忘れてはならない。ともあれ、福島健次の意志を引き継いだ功、卓次、三津夫の三兄弟と、それを支えた草野英男の四人によって、我が国の洋菓子業界の労働環境は、劇的なまでの改善をみたのである。

自動包装機開発の嚆矢、川島製作所創業者
川島駒吉《かわしまこまきち》

一八九三年～一九八七年

焼き菓子や半生菓子の安心安全、並びにギフト化等にあたって、まず必要なことは、それらの包装であろう。その道を追求し究めていったのが川島駒吉である。

●戦後のマーケットをにらみ、心機一転

明治四五（一九一二）年、東京神田岩本町において、川島駒吉は製菓器具の製造販売を行うべく川島製作所を興した。すべてはここに始まりを持つが、その人生が大きく動くのは第二次大戦後である。

日本中が国をあげて再出発する昭和二一（一九四六）年、同氏は心機一転、従来の製菓製飴機械の製造から自動包装機の研究開発へと、会社の進むべき道を定め直した。当時はまだそうしたものを手がけるところは少なく、いわば新しいマーケットを開拓するパイオニアとしての役割を果たそうとの意欲に燃えた舵の切り替えであった。

そして最初に作り上げた自動包装機第一号が、昭和二二（一九四七）年のキャラメル包装機である。これは戦後の物資困窮時、甘いものの楽しみにキャラメルが大きな役割を果たしていたことを如実に物語ってもいる。森永や明治、グリコ、カバヤや紅梅キャラメル等が、子供たちに大きな夢を与えた時代である。

●パッケージ専門メーカーとして本格的スタート

この機種の手応えに確信を得た川島駒吉は、昭和二六（一九五一）年、個人企業から株式会社へと組織変更し、以後全社をあげて社の方向を自動包装機の研究開発、並びに製造販売に切り替え、その専門メーカーとしての本格的スタートを切った。

その後の経済復興とそれに伴う消費生活の向上は、商品流通の拡大や商品の多様化を生み出し、また、特に菓子を含む食品においては、鮮度や品質保持の要望の高まりなど、パッケージの需要をますます多種多様なものにしていった。

そして時とともにパッケージは、単に包むという機能のみならず、楽しむというデコラティブな要素も求められ、商品の価値そのものをも左右するほど重要なものになっていったのだ。

●安全安心に加え、ファッション性も

その後の足跡を、かいつまんで追ってみよう。竹輪や蒲鉾といった菓子以外のものにもトライした後、昭和三四（一九五九）年には饅頭類や洋菓子用の包装機を完成。昭和三八（一九六三）年は玉チョコ用、昭和四一（一九六六）年には、今日どこにでも見られるピロー包装機、昭和四九（一九七四）年はふくさひねり、昭和五〇（一九七五）年に横式ピロー包装機、続いて昭和五二（一九七七）年はカステラ用や角折り包装機、昭和五六（一九八一）年からは、それぞれにマイクロコンピューターを搭載。さらにはサーボモーター搭載、ロボット組込み、ボックスモーション、脱酸素剤下置き型等々、枚挙にいとまなく時代に合わせ、あるいは時代を先取りして研究開発し、次々と新機種を世に送り出していった。

時あたかも高度成長期から成熟期へと、世の中も急速に変貌を遂げていく。それ

につれて求められるお菓子の世界も、品質はもちろんのこと、安心安全、加えてファッション性においてもますます高みを目指していく。そうしたハードルを次々とクリアするためには、こうした自動包装機は、もはやなくてはならないものとなっていった。いうなれば、世のお菓子産業の成長は、そうした機器の開発によって支えられてきたといっても過言ではない。

ちなみに同社がこれまでに生み出した製品は、平成二七（二〇一五）年現在までに、実に四〇〇余機種、台数にして四万台をはるかに超えるという。

製菓業を含む食品業界に果たした功績、世の人々の甘味な楽しみへの貢献等を鑑み、国は、同社を生み育てた川島駒吉に、昭和四六（一九七一）年、勲五等双光旭日章を授与している。

電気冷蔵ショーケースのリーディング・カンパニー、保坂製作所創業者

保坂貞三《ほさかていぞう》

一九〇九年～一九八〇年

電気冷蔵ショーケースを率先して開発し、洋生菓子文化の向上と発展に貢献した保坂製作所の創業者。

●食品の本質と売ることの大切さ

昭和一四年（一九三九年）、保坂貞三が、製菓製パン用の機器および型類の製造販売をもって、東京浅草に創業。

〝子曰く、吾れ十有五にして学に志ざす。三十にして立つ。四十にして惑わず

……〟とある、論語の一文をそのまま実践したごとき、貞三の三〇歳のことであった。しかしながらほどなく日本は太平洋戦争に突入。せっかく立ち上げた店も開店休業。否、製菓道具や型類の材料の手当てすらままならぬなか、日毎、戦局は不利となり、時局はますます暗転。そしてついに国敗れ、一億の民が総じて涙し、再出発を余儀なくされた。

配属地から復員するや貞三は、やはり自分の生きる道は菓子関連と、早くも仕事に取りかかる。昭和二三（一九四八）年、保坂製作所を設立。どんなにすばらしいものやおいしいものを作っても、食品である以上売れなければ捨てられるだけである。誰よりも食品の本質と、売ることの大切さを知る保坂貞三は、製菓用ショーケースに着目する。浅草道具屋街という場所柄、製菓器機類を扱う競合他店はたくさんあるが、まだこの分野は手薄と、迷わずそこに軸足を置き、たちまち同社の基盤を作る。彼の情熱に時もまた味方をしたようだ。いや、彼の鋭い慧眼がそのあたりをしかと見抜いたのか。

●戦後の変化にいち早く対応

昭和二三（一九四八）年といえば、食糧品配給公団が発足し、小麦粉、パン、麺は公団扱いとなった年で、戦後の混乱がまだ収まり切らぬ頃である。しかしながら、翌昭和二四（一九四九）年は薬用にも不可欠と水飴の統制が解除され、また菓子の公価が改定。加えてジャム、水飴、ブドウ糖が自由販売となる。続いて昭和二五（一九五〇）年、練粉乳の統制解除。菓子類価格統制解除。そして昭和二七（一九五二）年、ついに砂糖、小麦粉の統制が解除された。製菓業界もいよいよ動きが活発になる。そうした一連の状況の変化に同社も俊敏に対応し、非冷蔵型のショーケースに改良を重ねる一方で、保坂開放型冷凍機およびアイスクリーム用ストッカーを開発する。多くの菓子屋にとって、これは重宝した。原材料も半製品も製品も、とにかく何でもこの中に収めておけば、腐敗変敗だけはまぬがれる。どこの菓子店も工場に店内に、たいがいはこれを備えていたものである。

●電気冷蔵ショーケース

続いて家庭用電気冷蔵庫の普及に合わせるごとく、昭和三〇（一九五五）年、同業他社とも手を携えつつ、電気冷蔵ショーケースを開発。これにより各菓子店も安心して洋生菓子を作り、販売し、来店者も安心して求め、持ち帰って家庭の冷蔵庫にしまった後、食べたい時に食べられるようになった。こうしてそれまで寒い時や涼しい時にしか口にできなかったショートケーキやシュークリームといった、生クリームやカスタードクリームを使った日持ちのしない生菓子の世界が、一気に広がりを見せていった。街にもケーキ屋さんが増えて商店街に彩りを添え、デパートの食品売り場も一気に華やぎ、明るさを増した。食生活の豊かさの象徴的なできごとがケーキ類の充実といっていい。そしてその源に電気冷蔵ショーケースの誕生がある。その後、義貞、貞雄と引き継がれる同社は、昭和四六（一九七一）年、神奈川県津久井湖畔に工場を新設し、全国の洋菓子店並びに各百貨店等の需要に応えられる体制を整えた。続いて求められる幅の広がりに応じてアイスクリームフリーザー、チョコレート用およびサンドイッチ用ショーケース、さらにはコンピューター制御付、低温多湿制御式、高透過クリスタルガラス使用等々のショーケースを次々と開発。絶えることなく技術革新を重ね、安全と安心、衛生をモットーとする洋生菓子文化を支えて今日に至っている。同社が世に送り出したショーケースの歴史は、また近代お菓子文化の確たる足跡でもある。

〈パッケージでサポート〉

化粧缶の先駆者、金方堂松本工業創業者

初代・松本猪太郎《まつもといたろう》

一八八八年〜一九七八年
お菓子を入れる化粧缶のトップメーカー、金方堂松本工業の創始者。

●美しい菓子の化粧缶

日本には人様を訪ねる時には〝菓子折りのひとつも下げて……〟などという、全国の製菓業者が泣いて喜ぶような言葉がある。だいぶ古くから言われているようなので、この場合の〝菓子折り〟とは、おそらくは和菓子などを入れた杉折りなどと

呼ばれる杉の木で作られた木箱か、もしくは厚手の紙製の折り箱であろう。

　では洋菓子は？　もちろん木箱も紙製もあるが、化粧缶などというものも広く使われる。缶入りクッキー等に見られるように、焼菓子の類いは多くの場合、美しいデザインの缶に収まっている。また、湿気を呼びやすいものにあっては、洋風和風を問わぬなべての煎餅類やウェファースの類、あるいは海苔やお茶など概ねが缶入りとされている。

　こうしたものにいち早く、率先して手を染めていった人がいる。初代・松本猪太郎である。明治二一（一八八八）年、島根県大田市の農家の三男に生まれた彼は、明治三四（一九〇一）年の夏、兄とともに故郷を後にして上京。港区にある同郷出身の川島製罐店に、住込みで奉公に入る。当時の商店の雇用制度は丁稚、手代、番頭、支配人の段階で、猪太郎も当初は丁稚から始まり、雑用ばかりで腐ることも多かったが辛抱した。そして徐々に力をつけて、営業の仕事をまかされるまでになっていく。ところが明治三八（一九〇五）年、突然、川島製罐店が廃業となり、途方にくれたが、幸い同業者から番頭にという声がかかった。しかし猪太郎はここが勝負どころと独立を決意し、それまでに貯えた資金をもとに、明治三八（一九〇五）

年五月、東京下谷区西町に金方堂ぶりき製缶製作所を設立。防湿性や保存性を考慮した製缶業のスタートを切った。

ちなみにこの金方堂という屋号については、「金」が金属、「方」が宇宙、「堂」が製造業を表わし、はるか宇宙にまで伸びてゆく金属製品製造業となることを表わしているという。

●金方堂松本工業の変遷

その後の足取りを追ってみよう。

昭和一〇（一九三五）年、東京鉱力缶組合（現・東日本一般缶工業組合）が結成され、人望厚き同氏は、初代の組合長に就任。昭和一四（一九三九）年、同社を今日の名称たる金方堂松本工業株式会社に改組。昭和一五（一九四〇）年、同氏は、関東鉱力製品協同組合理事長に就任。どこまでも頼られる存在であった。昭和一六（一九四一）年、戦時体制に入るや軍需工場の指定を受け、兵糧たる乾パン缶や砲弾薬函などを製造するようになる。次いで昭和一八（一九四三）年、同氏は、日本鉱力製品統制組合常務理事に就任。団体の役員もついに一地区ではなく、日本……とつくまでに上りつめていく。しかしながら、翌年終戦。なお、その終戦の年、物資困窮のなか、特に金属払底の折、「紙＋《プラス》アスファルト缶」なるものを新しく考案している。なければないで、あるもので考える。さすがは創業者。初代・松本猪太郎はあくまでも仕事熱心なアイデアマンである。戦後しばらくたった昭和二九（一九五四）年、松本一郎に社長を譲って会長に就任するが、事業は引続き成長を続け、工場は日本工業規格（ＪＩＳ）表示工場の指定を受けたり、いぶし缶の特許を申請。加えて一九六九年には業界に先駆けて組上缶《くみあげかん》の技術を導入し、内外から好評を博した。これはコーナーと底を鋭角に構成することから安定性が高く、また見た目も美しい仕上りとなるものだ。また、昭和五（一九七六）年にスイスのスードロニック社製の溶接機械を導入し、それをもって結合部処理を行った。この技術は、従来のハンダ付けと比べて缶の気密性を飛躍的に高めた。

●さまざまなジャンルをカバー

こうした全社あげての努力が認められ、松本猪太郎は紺綬褒章と勲四等瑞宝章を、後を継いだ松本一郎もまた藍綬褒章と勲四等瑞宝章を賜わった。このことは、松本猪太郎はもとよりだが、彼が興した同社がいかに世の中に貢献したかを如実に物語っている。

その後、同社は、松本卓三、竹内雅夫と引き継がれるが、創業者精神はますます強固なものとなって受け継がれ、今に至っている。

今日、同社の作る化粧缶は、和洋を問わぬ全国の菓子店の進物用の他、薬、文具、雑貨、観光みやげ等々から、近年はファンシー、アパレル、化粧品等、あらゆるジャンルをカバーするまでにマーケットを広げている。菓子折りを菓子缶に変え、あらゆる物入れに発展させた企業の、その創業者が初代・松本猪太郎である。

製菓用パッケージの先駆者、伊藤景パック産業創業者

伊藤景造《いとうけいぞう》

一八九三年〜一九七二年

いかなるものでも、容器がなければ持ち運ぶことはおろか、人様にさし上げることもできない。そうしたことの必要性をだれよりも強く感じ取り、その分野のカバーに積極的に動いた人物。

●経木の販売店として

明治四三（一九一〇）年、伊藤景パック産業株式会社の創始者、伊藤景造は、思うところあって、東京神田に割り箸および経木の販売店を開いた。経木とは、松を

中心とする木を紙のように薄く削り、それをもって作る容器である。今日でも見かけるが、主に団子や大福といった和菓子の詰め合せ等に使われる。今のようにさまざまな材質が出回る以前は、この経木が実に便利に利用されていたが、思うに今日的な感覚で捉えるなら、究極のエコといっていいだろう。日本人の古来より持つ知恵が生んだ、世界に誇るべき傑作といえよう。

それに魅せられた景造は、しばらくその道を歩んでいたが、大きな転機は太平洋戦争後に訪れる。まず世の中の急速な復旧とともに乳製品が普及し、それに伴いアイスクリーム類が急伸。時代の変化を敏感に読み取った景造は、それまでの経木をさておき、そのアイスクリームのパッケージに取り組んだ。

●よりよいパッケージを求めて

次いで昭和三〇年代に入り、原材料の充足とともに街の洋菓子店が息を吹き返して、人々の生活に潤いを与えていく。しかしながら、そこにはまだ満足のいくパッケージ類の供給はなされていなかった。この分野をさらに発展させるには、よりよいパッケージが必要だ。なければ自分が請け負おう。ただ、どうせ作るならより機能的にして、よりファッショナブルなものでなければ……。そう心に刻んだ景造は、さらに伸びんとする全国の菓子店に向けて、付加価値を持たせるべき贈答用の菓子箱やクリスマスケーキ箱などをタイムリーに提案していった。筆者も子供の頃よりクリスマスケーキ箱には苦労させられたクチで、台座にケーキを乗せ、上からフタをかぶせて掛け紙をかけ、包装紙で包んでリボンをかける。この一連の動作が口でいうほど簡単でなく、途中でフタがずれてケーキを台無しにすることも稀ではなかった。

続いて昭和四〇年代に入ると、夏季の贈答品としてゼリーや水羊羹が注目を浴びてくる。景造はこの類の商品の、カップ充塡からヒートシール、さらには滅菌して長期保存できるまでのシステムを作り上げ、多くの菓子店や製造メーカーの支持を得ていく。また、欧米から入ってきた焼き菓子向けの、生地やタネを詰めてそのまま焼成できる紙カップの開発も行う。

●デザート生活デザイン研究所

加えて平成に入る頃からは、チルド型の冷蔵システムの普及により、洋生菓子が日持ちするようになったが、そうした流れに対応すべく、プリンやムース類等に適した合成樹脂製のデザートカップを開発。これらの商品群は、今日和洋を含む各菓子店からコンビニエンスストアに至るまで、全国の需要に応えるまでになっている。

なお同社は、菓子パッケージのメーカーではあるが、その枠を超え、現在は同社内に「デザート生活デザイン研究所」を設け、常に消費者目線で菓子専門店を調査し、どのようなメニューが求められているか、あるいはどのようなパッケージやディスプレイが販売に効果的かを研究し、ユーザーに対しさまざまな提案を行っている。

お菓子産業の求めるところを形とし、より機能的に、よりファッショナブルにせんとした伊藤景造の夢は、今や大きく結実し、さらなる高みを目指して成長を続けている。

〈行動でサポート〉

渡仏してくる日本人パティシエを、一手に引き受けていたパリ在住商業デザイナー

里見宗次《さとみむねつぐ》

一九〇四年～一九九六年
渡仏、渡欧してくる日本人パティシエを一手に引き受け、就労からビザの手続き等、あらゆることの世話をし続けた、パリ在住の国際的商業デザイナー。

●ムネ・サトミの名声と人望

明治三七（一九〇四）年に大阪で生まれ、大正一一（一九二二）年、一八歳で渡仏。パリの国立美術学校に入学を果たす。この年齢が同校への入学の上限というゆえ、さすがは才能の開花研鑽を重んじる芸術の都だが、ぎりぎりにそれに間に合わせて雄飛した氏の志、また当初よりすでに、人並みはずれて高みにあったといえよう。

三年で卒業した彼は、いきなり春と秋のサロンで連続して入選。続く昭和三（一九二八）年、フランスの代表的なたばこであるゴロワーズのポスターで一等賞。昭和七（一九三二）年は、フォワール・ド・パリのポスターで再び一等賞。翌年の「六日間自転車競争ポスター」で、またまた一等賞と、フランスを代表する催事でたて続けに優勝の栄誉に輝き、一躍デザイナー界の新星としてあまねく知られるところとなった。真の芸術の世界に年功序列はない。才能を努力で磨けば、年齢や国籍を超えて正しく相応の評価を受けるのだ。逆に申せばそれほどに厳しい世界ということではあるのだが。

高まるムネ・サトミの名声は遠く祖国にまで及び、当時自他ともに国際企業を任じてはばからぬミキモトパールがポスター依頼に訪れた。次いで手がけた日本国有鉄道のものでは、パリ万国博の名誉賞を受賞し、加えてオランダ航空の依頼等、内外の評価は止まることを知らない。たとえ海外に飛躍することはあっても、実際にその地にあって世界の一流と伍し、対等どころか一頭群を抜く大活躍を演じることなどは、当時としては思いもよらぬ快挙といっていい。またその実績に加え、温厚で面倒見のよい誠実な人柄から、いつしか在留日本人美術家協会事務官に任命されてしまった。梅原龍三郎や藤田嗣治、荻須高徳、高田力蔵といった邦人や、世界の一流作家、アーティストたちとの交友が深まっていったのも、この頃であった。

●門倉国輝青年との出会い

さて、華麗にして一途な足跡をたどれば際限がないが、実は、里見氏が渡仏した大正一一（一九二二）年、おりしも日本の製菓業界からは甘き風雲児、門倉国輝青年が同じくフランスに旅発っており、単身お菓子の研究に打ち込んでいた。

パリ広しといえども数少ない邦人同士、互いの存在はすぐに知れるところとなる。志す道は異なれど、異国で骨身を削る者のみに通じる熱きものに互いに引かれ、たちどころにして肝胆相照らす仲となり、以来六〇余年、両氏の親交は日仏に離れながらも、なお深みを増して続いていく。

ところで雲行きの怪しくなる昭和一五（一九四〇）年、フランス在留邦人に引き揚げ命令が出て、同氏は一時帰国を余儀なくされるが、翌年にはフランス語が堪能ということもあって、外務省嘱託タイ・仏印国境確定委員としてバンコクへ渡ることになる。どうしても日本に落ち着けない運命にあるようで、そのままそこで終戦を迎えた。敵国ということで連合軍キャンプに収容されたが、解放されるやたちどころに腕を発揮し、タイの宣伝ポスターで優勝する。芸術に国境なしを立証してみせたのである。

そして今度こそ日本に戻ると思いきや、氏は何と迷うことなくさっさとフランスへ帰っていってしまった。芸術的活動の場は、残念ながらまだ日本にはあらずしてパリにあり、と見たのだ。以来各種のイベントはもとよりのこと、民間企業からフランス政府依頼のものに至るまで、以前にも増してパリでの活躍が、幅、奥行きを広げて始まっていった。

●邦人のお世話を一手に引き受ける

一方、戦後の日本だが、しばらくは渡航の自由もなく鳴りをひそめていたが、昭和三〇年代を過ぎる頃より、渡欧する人もぼつぼつ現われてきた。いくらか落ち着いたとはいえ、こと海外に赴くとなれば、世慣れた今と違ってその心細さはひとしおである。そうした時の、現地に在住している邦人の存在は、訪れる者にとっては計り知れない大きなものがある。彼らのもとには縁もゆかりもない人たちまでが、ありとあらゆるつてを探っては次々と訪れ、さまざまな要求と助けを求めた。

お菓子の分野とて、例外ではない。菓業界のリーダーのひとりたる門倉国輝氏との縁の深さから、そのつながりを頼りに、門倉氏経営するところのコロンバン関係以外にも、実に多くの人が里見氏のもとを訪れる。受け止める側も大変である。何しろひっきりなしに訳の分からない人たちが訪ねてくるのだからたまらない。恥ずかしながら筆者もそのひとりゆえ、人一倍身の縮む思いの致すところだが、その大変さは身に沁みて分かる。氏に比すべくもない、ほんのわずかな期間であったが、お世話になって後の滞在中、刹那的には同じような立場に身を置いたことがあった。そうした折、氏ほどではないにしても、まま同邦の方が訪ねてこられる。その方々がたとえいくらかでも言葉を準備してくれていたなら少しは助かるのだが、そうでないと分かると途端に身体中が汗ばんでくる。観光案内ぐらいなら、ここぞといっしょに楽しめるが、就職のお世話となるとえらい騒ぎとなる。国が違えば習慣も異なる。まず希望に沿うところを見つけて雇用契約を取りつけるのもひと仕事だが、それ以上に滞在許可証、労働許可証、社会保険の手続き等、外国人ならではの問題も山ほどある。無事どこかにお世話できたとしても、その滞在中のトラブルや悩み事は、成りゆき上ある程度は心配してさしあげねばならない。

外国で生きていくということは、一種の戦いである。筆者などは人一倍寂しがり屋ゆえ、とても永住の決意など致しかねるが、そんな真剣勝負の生活の場に、〝同胞〟というだけで訪れる見ず知らずの菓業人たちの面倒を、氏はいやな顔ひとつせずに見続けたのである。次々に飛来する、不肖私も含めた身勝手と思える日本人たちの世話を焼き続けたのだ。物みな豊かになり、懐も厚く、心配ごとひとつなく、国内旅行の気分で海外に出られるようになった昨今では考えられぬことだが、今日の我が国の洋菓子文化発展の陰には、洋菓子史の表には出てこない、こんな支えが数知れずあったのである。

重ねていうが、彼なくしては、邦人のフランスでの製菓修業はかほどにスムーズには行えず、レベルアップにはさらなる時を要したものと思われる。

●天寿をまっとうするまで輝き続ける

なお、パリのモット・ドール（Motte d'or 後にレ・メートル・パティスィエ・ド・フランス Les Maîtres-Pâtissiers de France に改称）なる〝純良材料のみをもって作る菓子店主の会〟のロゴマークも、同氏の手になるものである。

そのムネ・サトミこと里見宗次先生、何と九一歳で天寿をまっとうするまで現役デザイナーとして活躍し続け、残した作品は実に一万点を優に超えるまでになっていた。そして平成八（一九九六）年、最愛の妻とかつての盟友にして菓聖と謳われた門倉国輝氏のもとに……。その偉業にエールを送るとともに、菓業界をあげて、氏より受けた恩恵に、心より深く謝意を表さねばなるまい。

ご紹介しきれなかった方々の興した企業

第一章同様、第二章においてもご紹介しきれなかった方々の興された企業がたくさんある。

不遜ながら、思いつくままに以下に記させていただくと、文筆によるサポーターでは、日本食糧新聞社や日本パン菓新聞社等。乳製品では、森永乳業、明治、雪印メグミルク、カルピスフードサービス、タカナシ乳業、よつ葉乳業、オーム乳業、めいらくグループ等々。

油脂メーカーでは、カネカ、ミヨシ油脂、リボン食品、月島食品工業、日油、Jオイルミルズ、竹本油脂、太陽油脂、丸和油脂、豊通食料等。

チョコレートについては、芥川製菓、不二製油、日新化工、大東カカオ、ヴァローナ・ジャポン、ピュラトス・ジャパン、グラン・プラス、バリーカレボージャパン等。

フルーツやナッツでは、カセイ食品、壽食品、トミゼンフーズ、タント、うめはら、デイリーフーズ等。

製粉会社では、昭和産業、日清製粉、日本製粉、日東富士製粉、鳥越製粉等。鶏卵は、キューピータマゴ、中部飼料等。香料会社は、内外香料、ナリヅカコーポレーション、横山香料、山本香料、ミコヤ香料等。

添加物関連等では、大宮糧食工業、三菱化学フーズ、富士商事、伊那食品、山眞産業、林原等。

砂糖類では、スプーン印の三井製糖、カップ印の日新製糖等。酒類は、合同酒精、宏洋、サントリー酒類、アサヒビール、美峰酒類、MCフードスペシャリティーズ、商品名をあげて恐縮ながらグランマルニエを扱っているモエ・ヘネシー・ディアジオ、コアントローを扱っているアクサス等。

ジャム類では、タカ食品等。

問屋や商社では、イイヅカ、イシハラ、サトー商会、森永商事、正栄食品、寺本製菓材料、東京物産、前田商店、吉田産業、ヒラタ、ニノミヤ物産、丸菱、日仏商事、静岡通商、関東商事、アルカン、サンエイト、アートキャンディー、大和貿易、ルーツ貿易、片岡物産、フレンチ&Bジャパン、廣八堂、エム・シー・フーズ、デルスール・ジャパン、ＤＫＳＨジャパン、フジサニーフーズ、日世、アンベールジャパン、松谷化学工業等。

機器類のオーブンでは、愛知電熱、七洋製作所、ツジキカイ等。煎餅類焼成機等のキタムラ、包装機や詰め作業ロボットの富士機械、大森機械工業。アイスクリーム製造機のカルピジャーニ・ジャパン。その他オシキリ、原製作所、マサミ産業、冷蔵ショーケースのダイヤ冷ケース等。

包装資材等では、老舗の柳井紙工をはじめ、クラタ・シー・エム・エス、菓包、東光、東京リボン、パッケージ中澤、中澤函、旭屋、オザキ、日栄、日本包装企画等。

あるいは、どこにも入れるところがないが、エージレス（脱酸素剤）の三菱ガス化学やアンチモールド（アルコール製剤）のフロント産業ｅｔｃ……。

これだけ挙げてもまだ足りないほどで、まさに枚挙にいとまがないほど、この甘味業界は多くの企業、そしてその会社を興された方々のお世話になっている。なお、ここにも挙げきれなかった方々には、再々度お詫び申し上げねばならない。

エピローグ

『お菓子《スイーツ》を彩る偉人列伝』いかがでしたでしょう。

プロローグでも述べたごとく、全体を二章立てとし、第一章は直接的にお菓子作りに手を染め、甘味文化の向上に力を尽してくれた方々を、ほぼ年代順に列記させていただきました。

また、お菓子文化は作り手、担い手だけで成り立つわけではない、との思いから、「お菓子《スイーツ》を彩るサポーター列伝」として第二章を組み、お菓子文化をさまざまな面からサポートしてくれた人々に照準を当て、こちらは年代順ではなく、ほぼお菓子作りの作業手順に従って列挙させていただきました。

なお、筆を進めるにあたっては、先刊の書や各社の沿革を述べた資料、あるいはインターネット上の情報なども、諸々と照らし合わせたうえで参考にさせていただきました。それでもある不備や不明な点については、後の方々の英知にゆだねることといたします。

今、筆を置いて改めて顧みますに、書き切れなかったことの多さと筆の未熟さばかりが浮き彫りにされ、加えてニュースソースや資料の不足、さらには紙幅の不足などにも大いに心が残ります。いかなることにもパーフェクトはないとは申せ、それはすべて筆者の不徳の致すところ。読者諸氏諸嬢のご批判甘受の上で、ひたすらお詫びを申し上げるほかはありません。

終わりにあたり、度毎に確認をとらせていただいたり、資料を賜わった各社の窓口となってくださった方々、また本書の上梓にあたり、ひとかたならぬお世話になった「横浜プレス」の江口和浩様、「株式会社ビジネス教育出版社」代表取締役社長・酒井敬男様、同社・編集の労をおとりくださった近藤樹子様はじめ関わりを持たれたすべての方に、衷心より深く感謝の意を表させていただきます。

二〇一五年　晩秋

吉田菊次郎

参考文献

『倭漢三才圖會』寺島良安著　一七一三年
『長崎夜話草』西川如見著　一七二〇年
『萬寶珍書』須藤時一郎著　一八七二年
『和洋菓子製法独案内』岡本半渓著　一八八九年
『食道楽』村井弦斎著　報知社出版部　一九〇三年
『阿住間錦』古川梅次郎著　阿住間錦発行所　一九二五年
『一商人として』相馬愛蔵著　岩波書店　一九三八年
『商道五十年』宮崎甚左衛門　実業之日本社　一九六〇年
『日本洋菓子史』池田文痴庵著　㈳日本洋菓子協会　一九六〇年
『デモ私立ッテマス・ユーハイム物語』㈱ユーハイム　一九六四年
『凮月堂本店由来』中村達三郎著　㈱神戸凮月堂　一九六八年
『あまいお菓子もからかった・広田定一ものがたり』広田定一著　㈱洋菓子のヒロタ　一九七四年

『のすどディアマン』里見宗次著　一九八一年
『コスモポリタン物語』川又一英著　㈱コスモポリタン製菓　一九九〇年
『二つの愛・ムネ・サトミのパリ』松本伸夫著　京都書院　一九九一年
『熱血商人』渡辺一雄著　徳間書店　一九九三年
『ふうげつ物語』上野凮月堂　一九九五年
『菓商・小説森永太一郎』若山三郎著　徳間書店　一九九七年
『木村屋あんパン物語』大山真人著　平凡社　二〇〇一年
『中村屋のボース』中島岳志著　白水社　二〇〇五年
『窓を開ければ』牛窪啓詞著　幻冬社　二〇〇八年
『トリアノンのあゆみ・創業50周年記念』安西由紀雄著　二〇〇九年
『西洋菓子・日本のあゆみ』吉田菊次郎著　朝文社　二〇一二年
『パンを愛して』西川多紀子　㈱パンニュース社　二〇一三年
『村上開新堂I』山本道子・山本馨里著　講談社　二〇一四年
その他各社資料、社史、インターネット情報、内外諸文献および自著各書

著者略歴

本名　吉田菊次郎（よしだ　きくじろう）
　　　俳号・南舟子（なんしゅうし）

1944年東京生まれ。明治大学商学部卒業後渡欧し、フランス、スイスで製菓修業。その間、第一回菓子世界大会銅賞（1971年於パリ）他、数々の国際賞を受賞する。

帰国後、「ブールミッシュ」を開業（本店・銀座）。

現在、同社社長の他、製菓フード業界のさまざまな要職を兼ねる。文筆、テレビ、ラジオ、講演などでも活躍。

2004年、フランス共和国より農事功労章シュヴァリエ受章および厚生労働省より「現代の名工・卓越した技能者」受章。2005年厚生労働省より「若者の人間力を高めるための国民会議」委員拝命。同年、天皇・皇后両陛下より秋の園遊会のお招きにあずかる。2007年日本食生活文化賞金賞受賞。2011年厚生労働省より「職場のいじめ、嫌がらせ問題に関する円卓会議」委員拝命。2012年大手前大学客員教授に就任。2013年安倍晋三総理大臣より「さくらを見る会」のお招きにあずかる。2014年フランス料理アカデミー・フランス本部会員に推挙される。同年、果実王国やまなし大使に任命される。

主な著書に、『あめ細工』『チョコレート菓子』『パティスリー』（柴田書店）、『洋菓子事典』（主婦の友社）、『デパートB1物語』（平凡社）、『お菓子漫遊記』『お菓子な歳時記』『父の後ろ姿』（時事通信社）、『万国お菓子物語』（晶文社）、『西洋菓子彷徨始末』『東北新スイーツ紀行』『左見右見』（朝文社）、『スイーツクルーズ世界一周おやつ旅』（クルーズトラベラーカンパニー）他多数。

お菓子《スイーツ》を彩る偉人列伝

2016年2月18日　初版第1刷発行

著　者　　吉田　菊次郎
発行者　　酒井　敬男
発行所　　株式会社ビジネス教育出版社
〒102-0074　東京都千代田区九段南4-7-13
TEL 03-3221-5361(代)　FAX 03-3222-7878
E-mail:info@bks.co.jp　http://www.bks.co.jp

印刷・製本　株式会社オルツ
落丁・乱丁はお取替えします。　装丁　秦 浩司（株式会社ハタグラム）

ISBN 978-4-8283-0588-2